U0215665

水-能源-粮食关联系统解析及其量化研究

——以中亚地区为例

郝林钢　著

气象出版社
China Meteorological Press

内 容 简 介

水资源、能源、粮食是人类生存和经济社会发展的重要基础,三者之间存在着复杂的相互作用。本书通过系统总结国内外水、能源、粮食安全及关联关系研究成果,以系统科学思维为指导,面向可持续发展目标,提出了水-能源-粮食关联(WEF nexus)系统的研究框架;对比分析、总结分类已有研究方法,提出了考虑关联关系的系统自身评估、与外部环境相互作用关系的分析思路与量化方法;以中亚五国及其代表流域阿姆河流域为对象,开展了 WEF nexus 系统安全评估、关联关系解析、系统变化的驱动机制分析、系统对外部影响分析的实证研究。

本书可供水资源管理、水-能源-粮食关联关系及可持续发展相关领域的研究人员、管理人员及高等院校相关专业的师生参考。

图书在版编目(CIP)数据

水-能源-粮食关联系统解析及其量化研究 : 以中亚地区为例 / 郝林钢著. -- 北京 : 气象出版社,2023.7
ISBN 978-7-5029-7967-6

Ⅰ.①水… Ⅱ.①郝… Ⅲ.①水资源管理—研究—中亚②粮食问题—研究—中亚 Ⅳ.①TV213.4②F336.061

中国国家版本馆CIP数据核字(2023)第079754号

水-能源-粮食关联系统解析及其量化研究——以中亚地区为例
Shui-Nengyuan-Liangshi Guanlian Xitong Jiexi ji Qi Lianghua Yanjiu——Yi Zhongya Diqu Weili

出版发行:气象出版社

地　　址:北京市海淀区中关村南大街46号　　邮政编码:100081
电　　话:010-68407112(总编室)　010-68408042(发行部)
网　　址:http://www.qxcbs.com　　　E - m a i l:qxcbs@cma.gov.cn
责任编辑:王萃萃　　　　　　　　　　终　　审:张　斌
责任校对:张硕杰　　　　　　　　　　责任技编:赵相宁
封面设计:艺点设计
印　　刷:北京建宏印刷有限公司
开　　本:787 mm×1092 mm　1/16　　印　　张:7.75
字　　数:192千字　　　　　　　　　彩　　插:5
版　　次:2023年7月第1版　　　　　印　　次:2023年7月第1次印刷
定　　价:45.00元

本书如存在文字不清、漏印以及缺页、倒页、脱页等,请与本社发行部联系调换。

前　　言

有关水-能源-粮食关联（WEF nexus）系统的科学问题引起了学术界的高度重视，但是从水-能源-粮食关联系统的概念、研究框架、理论知识到技术方法仍处于发展阶段，还没有形成一套完整的综合分析方法体系，无法为协调区域水、能源、粮食之间的关系，实现水-能源-粮食安全提供明确的科学指导。中亚五国水、能源、粮食之间关系非常紧密，在气候变化、经济发展和人口增长的影响下，区域内流域上下游国家间水资源利用冲突持续加剧，严重威胁水、能源、粮食和下游生态安全，急需开展 WEF nexus 系统相关研究。

本书在中国科学院战略性先导科技专项（A 类）子课题"中亚农业生产与水土资源优化利用（XDA20040302）"的资助下，以水-能源-粮食关联系统为研究对象，从系统论的角度出发，解析并界定了 WEF nexus 系统的概念、内部结构、研究内容等；以系统科学思维和"综合集成研讨厅体系"方法为指导，围绕不同研究内容，总结了相关的主要研究方法，并提出了考虑关联关系的分析思路与计算方法，构建了水-能源-粮食关联系统全过程综合分析方法体系；以典型地区中亚为例，开展了 WEF nexus 系统安全评估、关联关系解析、系统变化的驱动机制分析、系统对外部影响分析的实证研究。全书共分为 7 章，第 1 章总结了国内外相关研究进展，指出了亟待解决的问题，提出了本书的研究目标、内容和撰写思路；第 2 章解析了水-能源-粮食关联系统并提出了其研究框架；第 3 章提出了水-能源-粮食关联系统综合分析方法体系；第 4 章介绍了中亚地区水、能源、粮食的基本情况；第 5 章开展了中亚五国 WEF nexus 系统安全与内部关联关系评估；第 6 章揭示了气候和经济社会要素影响下的中亚地区水-能源-粮食关联关系变化规律；第 7 章分析了阿姆河流域水-能源-粮食关联系统作用下的生态环境影响。全书框架和研究思路由于静洁确定，各章节具体内容由郝林钢撰写。

本书内容可为相关领域的研究人员、教师、研究生提供借鉴参考，期望在理论方法上，为多尺度 WEF nexus 系统研究，特别是国家和流域尺度 WEF nexus 系统安全及内部关系分析，提供思路和方法借鉴，在实践应用与管理上，为中亚五国和阿姆河流域水、能源、粮食安全和可持续发展提供建议。

本书仅代表著作者的认识和观点，受时间和作者水平限制，难免存在偏颇和不足，恳请读者批评指正。

郝林钢

2023 年 3 月 27 日

目　　录

第1章　绪论

1.1　研究背景及意义

1.1.1　研究背景

水安全、能源安全和粮食安全是人类生存和经济社会可持续发展的重要保障（Rasul et al.，2016）。21世纪以来，随着气候变化增强、人口迅速增长、城镇化的持续扩展，水资源、能源、粮食供给的稳定性、安全性、可持续性受到冲击，而经济社会发展对三者的需求持续增长，供需矛盾日益突出，人类社会当前和未来发展均面临着严峻挑战。2012年，"未来地球"（Future Earth）科学计划中，将保障水资源、能源、粮食的可持续、安全和公平列为全球发展中的重要目标，如何确保人类当今和未来对洁净水、能源和粮食的可持续利用，是需要重点关注和解决的基本问题之一（辛源 等，2015）。2019年，在由中国科学技术协会、中国科学院和中国工程院联合主办的首届世界科技与发展论坛上，发布的"2019年度人类社会发展十大科学问题"，将"大城市如何实现能源-水-食物供给的平衡和平等"作为急需回答的问题之一。为此，应尽早确立"水-能源-粮食"可持续发展的理念，建立综合效益评价指标，探索低碳高效的水资源、能源资源、土地资源综合开发利用模式，开展跨学科、跨地区、跨部门的综合研究，以应对气候变化，保障人类福祉，实现人类永续生存和可持续发展。

水、能源、粮食之间存在着复杂的"两两作用""三者交互"关系（王红瑞 等，2022），水资源的利用、输送需要能源，能源的生产需要水资源，水能资源的开发影响水资源利用方式，粮食生产需要水资源和能源。水资源短缺严重、供给压力大的地区，需要确定能源和粮食生产所允许消耗的最大水资源量，在干旱区尤为重要。各类一次能源和由能源生成的电力供应的稳定性，直接影响生活、工业、农田灌溉过程中供水的可靠性，进而影响水安全和粮食安全，在能源短缺地区特别明显。作物种植类型、灌溉方式、农业机械的使用情况等，会影响水资源和能源的利用量，在高强度、高耗水农业区非常显著。总体而言，水、能源、粮食共同组成了一个新的复合系统，科学界定水-能源-粮食关联（WEF nexus）系统的定义、边界、研究对象等，合理评估系统状态，准确识别和科学认识系统内部关系，是开展水-能源-粮食综合研究、实现自然资源可持续利用的重要基础。

气候变化和人类活动深刻影响着水资源、能源的开发利用与农业生产。目前，由于自然过程改变和人为因素影响，全球地表水系统和水循环过程已经发生了显著变化（Pickens et al.，2020；Vörösmarty et al.，2000；Yang et al.，2021），1984—2015年，包括河流在内的近9万km² 的地表水体逐渐消失（Pekel et al.，2016），超过30%的自然河流经常干涸，逐步从常年性河流转变为间歇性河流（Datry et al.，2014），由于间歇性河流不断增加，1999—2018年，非永久性地表水体占比达到了地表水体的40%（Pickens et al.，2020），干旱区内陆河流域蓄水量明显减少（Wang et al.，2018），地表水水质也明显恶化（UNEP，2016）。气候变化还导致极端水文气象灾害事件(洪水、台风、寒潮等)强度和发生频率不断增加,威胁能源生产和供给。如,2021 年 2 月,受北极寒潮影响,美国德克萨斯州能源生产和电力供给出现危机,冻死数十人(韩立群,2021);2021 年 7 月,中国新疆塔克拉玛干沙漠极端降水引发的洪水,淹没了中国石化西北油田玉奇片区 3 万套设备,严重影响了油区作业。另一方面,受全球疫情和能源转型的影响,2021 年的能源价格上涨和高电价,严重威胁了许多国家的能源安全(韩立群,2021)。气候变化还会改变水资源、土壤养分、作物生长发育、病虫害与杂草等农业生产因素,影响作物产量和粮食安全(刘宪锋 等,2021;咎海霞,2021),经济增长会改变粮食需求结构和人均需求量(Fukase et al.,2020)。如何刻画气候变化和经济社会发展对水-能源-粮食的供需结构与关系、系统状态及内部关联关系的驱动机制,是迫切需要回答的问题。

系统与其所处环境存在互塑共生的关系,水(SDG 6)、能源(SDG 7)、粮食(SDG 2)是联合国 2030 可持续发展目标(SDGs)中的三个重要目标,三者之间存在着相互作用,还直接或间接地影响到其他 14 个目标(气候变化、经济社会发展、生态环境等),反之,三者也受到其他目标的作用(张超 等,2021;林志慧 等,2021)。根据联合国粮食及农业组织(UN FAO)在 COP26 气候峰会中的宣言,过去 30 年,全球农业和粮食生产排放的温室气体增加了 17%,2019 年,以二氧化碳当量计算,农业和粮食系统的排放量占全球人为排放量的 31%。能源也是导致气候变化的主要行业之一,其生产和消费过程中的排放是大气中二氧化碳的重要来源,能源的开采与使用过程还会产生有毒有害物质,威胁生态环境和人体健康。气候变化和人类活动会增加淡水盐化程度,降低水资源可利用量,威胁生态系统的生物多样性和区域经济社会可持续发展(Cañedo-Argüelles,2020)。水-能源-粮食关联系统变化如何影响人类福祉、经济发展、生态环境健康,如何作用于其他可持续发展目标,以及如何缓解不利影响,是相关研究的落脚点和最终目标。

1.1.2 研究意义

本研究旨在通过对水-能源-粮食关联系统的界定与解析,揭示系统内部、系统与外部环境之间的作用机理,提出系统综合分析与评估的量化方法体系,并在水-能源-粮食关联关系复杂的中亚地区,开展国家和流域尺度上的应用研究,检验和完善相关理论与方法,提供完整的案例分析思路。具体而言,本研究的主要意义包括以下几方面。

(1)理论意义

在水-能源-粮食关联系统理论研究方面,在全面梳理已有的概念阐述、定性剖析成果基础上,以系统科学思维为指导,揭示 WEF nexus 系统的物质、能量、信息流动规律,阐释水、能源和粮食在物质、管理、技术三个层面的作用关系;在系统与环境互塑共生原理的指导下,考虑可持续发展目标,剖析环境对系统、系统对环境的作用机理,构建面向可持续发展的水-能源-粮食关联系统研究框架,对于深入认识 WEF nexus 系统,明确研究思路和研究方向,推动理论发展与完善具有重要的支撑作用。

(2)方法意义

在系统归纳、总结分类近几年涌现出的 WEF nexus 系统及相关领域分析与量化方法的基础上,以钱学森提出的"综合集成研讨厅体系"思想为指导,以理论研究部分得出的研究思路与方向为依据,提出了水-能源-粮食关联系统综合分析方法的模型体系,一方面,包括现有的分析方法,另一方面,针对现状的不足,提出了考虑关联关系的分析思路与计算方法,对于开展 WEF nexus 系统全过程应用研究提供了一套量化分析方法体系。

(3)实践意义

将本书得到的理论与方法成果应用在"一带一路"关键节点、水-能源-粮食关系紧密且安全危机严重的典型区域,既可检验所提出的理论认识和研究方法的合理性与科学性,又可反过来加深和完善对理论和方法的认知,还可为其他地区开展相关研究提供比较完整的思路借鉴。此外,可为中亚地区保障水资源、能源、粮食安全,制定可持续发展政策,实现可持续发展目标提供依据,这将有助于塑造我国西北边境稳定安全的态势,支撑"一带一路"建设。

1.2 国内外研究进展

1.2.1 水-能源-粮食关联系统的提出背景与研究对象

随着全球化的推进、科学技术的突飞猛进,人类系统与自然系统之间的交织关系不断加深,水资源、能源、粮食作为连接人与自然的三种重要要素,三者之间的联系日趋紧密,相互促进和制约作用均不断凸显。目前,全球70%的取水量用于农业生产,有32亿人口生活在有严重或非常严重水资源短缺问题的农业地区,约11%(1.28亿 hm^2)的农田和14%(6.56亿 hm^2)的牧场受到反复干旱的影响,约62%(1.71亿 hm^2)的灌溉农田面临较高或极高的水资源压力,超过6200万 hm^2 的农田和牧场同时存在严重的水资源压力和频繁干旱问题,影响了约3亿人口(FAO,2020)。化石能源的生产与使用和生物燃料原料的生产均会消耗大量的水资源,能源行业的取水量占全球取水总量的15%以上,其中90%左右用于发电(Paquin et al.,2016)。而地表淡水的提取、地下水的开采、污水处理、海水淡化、饮用水输送等过程也需要消耗能量。此外,全球超过50%的水电装机容量与灌溉活动存在水资源利用的冲突(FAO,2020),化石能源发电耗水与作物灌溉需水之间也存在着明显的竞争性用水关系(Qin,2021)。据估计,到2030年,全球水资源、粮食需求将分别增加40%和35%(Bizikova et al.,2013;Endo et al.,2017),到2035年,世界能源需求量将增加35%(Beth,2014),届时,水、能源、粮食之间的协同与权衡关系将更加明显,供需矛盾更加突出,面临的危机将更加严重。

为应对持续加重的水、能源、粮食安全危机,2008年的世界经济论坛,将水、能源和粮食(WEF)安全作为一个整体提出;2011年波恩会议提出"Nexus"表征这一整体,随后,科研人员、国际机构和政策制定者越来越关注 WEF nexus 研究(Putra et al.,2020;Zhang et al.,2018;Zhang et al.,2019b)。2008年至今,WEF关联关系相关研究的发文量呈指数增长,2015年以后,增长尤为明显,进入了快速发展阶段,2014—2018年的发文量平均增速高达70%(张宗勇 等,2020;林志慧 等,2021)。从管理学的角度讲,水资源、能源和粮食一般由不同部门单独管理,构成了 WEF nexus 系统的三个部门或者子系统(Albrecht et al.,2018;Liu et al.,2017;Putra et al.,2020;Simpson et al.,2019),为此,世界经济论坛呼吁各界人士更多地关注三个部门之间的关系(World Economic Forum Water Initiative,2012)。目前,不同学科的学者和国际组织根据各自关注重点不同,对 WEF nexus 系统相关概念进行了阐述(FAO,2014;Zhang et al.,2018)。一般而言,主要从两个方面进行解释:第一,关联关系表征了三者之间的相互作用(Zhang et al.,2018);第二,将关联关系作为分析三者间关系的一种方法,并有研究者将这种关联研究的分析思路拓展到了可持续发展领域(Liu et al.,2018),分析了17个可持续发展目标之间的协同和权衡关系(Pradhan et al.,2017)。

当前,学术界借助各种模型和工具在多种空间尺度上对 WEF nexus 系统进行了定性和定量分析(Abulibdeh et al.,2020;Barik et al.,2017;Deng et al.,2020;Fabiani et al.,2020;Hussien et al.,2017;Putra et al.,2020;Smajgl et al.,2016;Zhang et al.,2018)。在家庭尺度上,评估了用户行为、饮食、收入、家庭规模和气候变化对 WEF 需求的影响(Hussien et al.,2017)。在农田尺度上,研究表明,降低不可再生能源使用比重,对保护水环境和保证农田硬粒小麦生产系统的可持续性具有重要意义(Fabiani et al.,2020)。在流域尺度上,利用集成式水文-经济优化模型,对澜沧江-湄公河流域水库运行对水力发电、灌溉作物产量和渔业产量的量化分析表明,通过合理的水库调度可以将不同目标之间的权衡关系转化为协同关系(Do et al.,2020);通过构建 WEF 系统线性优化模型,分析了伊朗 Shazand 流域 14 种作物种植情况下的 WEF 关联关系(Sadeghi et al.,2020)。在城市尺度上,土地利用变化、城镇化、贸易等因素与 WEF 压力、供需的关系研究表明,中国环渤海城市群 WEF 压力随着城镇化程度提高而增加,自 2004 年以后,该地区主导压力从水系统压力转变成了能源系统压力,由于需求增加、资源量不足,环渤海城市群 WEF 供需矛盾和对外部的依赖性加大(Deng et al.,2021,2020)。在区域尺度上,对亚太地区水、能源和粮食的数量、自给能力和来源的多样性分析表明,尽管亚太地区粮食自给率始终大于 100%,但自 20 世纪 60 年代以来,粮食自给率一直在下降,20 世纪 70 年代至 2010 年间,能源自给率从 82% 上升到 95%,水资源、能源的自给率和资源多样性之间存在正相关关系(Taniguchi et al.,2017)。在全球尺度上,研究发现,国际贸易可以提高发达国家的水资源、能源等可持续发展目标得分,但是会降低发展中国家的可持续发展水平(Xu et al.,2020b)。

总体而言,研究人员从不同角度、不同尺度开展了大量分析工作,加深了对水-能源-粮食关联关系的认识(张宗勇 等,2020;王红瑞 等,2022)。但是,如何将 WEF 作为一个整体系统进行理解?WEF 这一整体的时空边界在哪里?关联关系在 WEF 整体认识与分析中处于什么定位?WEF 研究的主要思路和重点内容是什么?针对这些有关水-能源-粮食整体研究的基本概念、基础理论问题,现有认识仍然不够全面和深入,学术界尚未形成统一认识(Reinhard et al.,2017)。

1.2.2 水-能源-粮食关联系统相关的理论及量化方法研究

自 2008 年水-能源-粮食作为整体提出以来,水资源、环境科学、能源燃料、绿色可持续技术、环境工程、土木工程、地理学、生态学等不同领域的专家学者对其开展了大量研究,水资源科学、环境科学、绿色可持续科学是研究较多的几个学科。如在绿色可持续科学领域,研究发现,使用光伏板可以提高干旱区农田水、能源、粮食之间的协同效应,减少植物的干旱压力,提高粮食产量,减少光伏板热应力(Barron-Gafford et al.,2019);可再生能源可以提高 WEF 的安全程度,反之,WEF 纽带框架也是确定可再生能源利用综合效益的有效手段(Huntington et al.,2021)。在地理学领域,研究发现,通过调控气候政策、农业活动方式、人类行为模式,到 2050 年,粮食产量和能源生产量可以增加约 60%,水资源消耗量可降低约 20%(Van Vuuren et al.,2019);如果人类不及时采取积极的全球温室气体排放减缓行动,未来将不得不增加直接空气捕获技术的应用以实现气候目标,而这将会增加能源和水资源需求(Fuhrman et al.,2020)。

一般认为水资源是 WEF 关联关系的核心要素,但水资源学科领域发文量占比呈现下降趋势,反映了 WEF 关联关系多学科研究的需求和特点(张宗勇 等,2020;林志慧 等,2021)。

虽然 WEF 关联关系研究所涉及的学科理论和技术方法各有不同,但根据研究切入点不同,依据系统论观点,基本可将其分为针对 WEF nexus 系统自身及其与外界的关系两大方面。系统总体状态分析是进行 WEF nexus 系统研究的基础,理想的系统状态也是相关研究要达到的目标,相较于其他方面的内容,易于理解和量化,目前研究相对较多,主要是采用多指标综合评价法分析 WEF nexus 系统整体的可持续发展水平、协调性等(Nhamo et al.,2020;孙才志 等,2018;李成宇 等,2020;王丽川 等,2021;赵良仕 等,2021);系统内部关联关系评价是 WEF nexus 系统研究的核心,不同类型关联关系会产生不同的系统状态,决定了系统对气候变化和人类活动干扰的适应性,也影响着系统对生态环境、经济社会发展的作用方向和方式。不同学科的学者采用统计学方法(Putra et al.,2020)、足迹理论(郝帅 等,2021)、社会网络分析(Putra et al.,2020)、系统动力学模型(Naderi et al.,2021)等对 WEF nexus 系统内部可能存在的相关、协同、权衡或因果等关系进行了评估。

考虑外部因素的 WEF 关联关系分析是 WEF nexus 系统研究的热点之一,保障水安全、能源安全、粮食安全是提出 WEF 整体概念的重要目标,而三种要素受到气候变化和人类活动的显著影响,其管理、开发利用模式的变化反过来又会加剧或减缓气候变化,制约或支撑经济社会发展。此外,WEF nexus 系统与外部因素关系研究是系统优化与调控的重要依据,水资源、能源、粮食系统是陆地表层系统科学的重要组成部分,与人-水耦合系统、人-地耦合系统、人-自然耦合系统存在交互作用,和陆表的经济社会要素、自然要素紧密联系,良性健康、可持续的 WEF 安全必须最大限度减轻不利影响。围绕以上内容,相关学者采用可计算一般均衡模型(项潇智,2020)、生命周期理论(Salmoral et al.,2018)、全球生物圈管理模型(GLOBI-OM)(Pastor et al.,2019)、WEF Nexus Tool 2.0 model(Daher et al.,2015)等方法开展了相关的实践应用工作。

总体而言,不同学科背景的研究人员依据相应学科的理论知识,采用本领域较为成熟的方法(表 1-1),对 WEF nexus 系统自身及其与外界的作用等开展了分析,验证了这些方法的合理性、适用性,这些方法均直接或间接蕴含了系统论、整体思维与分析思维的思想。但不同方法各有侧重,从水-能源-粮食关联系统综合研究的角度看,不同学科理论和技术方法的定位和作用是什么? 如何融合不同理论方法的优势,实现全局认识? 这些问题仍需进一步探索,水-能源-粮食关联系统的理论与方法体系尚未形成。此外,现有方法适用于不同时空尺度的研究,无法较好地实现不同时空尺度、不同地区之间的对比研究。

表 1-1　"水-能源-粮食"关联系统相关研究的主要理论方法

研究方法	分析思路	相关文献
基于不同计算方法的多指标综合评价	选取水资源、能源、粮食相关指标,采用层次分析法、耦合协调度等评估 WEF nexus 系统综合状态。	Nhamo et al.,2020;孙才志 等,2018;张洪芬,2019;张琦琛,2020;李成宇 等,2020;李潇,2020;王丽川 等,2021;赵良仕 等,2021;郭静,2019
多目标规划法	构建 WEF 优化总体目标,根据需要,确定不同子系统模拟模型和要素的约束条件,进行求解,为 WEF 调配提供依据。	Si et al.,2019;彭少明 等,2017
数据包络分析方法(DEA)和投入产出分析方法	考虑水资源、农业等不同侧重点,确定 WEF 输入量(投入)和输出量(产出),采用 DEA 模型评价系统的相对有效性。	解子琦 等,2020;周露明 等,2020a

研究方法	分析思路	相关文献
统计学方法	利用相关性系数反映水、能源、粮食子系统之间可能存在的协同和权衡关系。	Putra et al.，2020
全生命周期和足迹理论	根据行业、产品生命周期，考虑不同环节资源消耗情况，开展水、能源、粮食相互作用研究，或分析 WEF 对环境的影响。	张杰 等，2020；周露明 等，2020b；Li et al.，2020a
社会网络分析	以指标为节点，二者关系为边，建立 WEF 关联关系的网络图，可视化各部分之间的相互作用，并评估其在系统整体中的功能。	Putra et al.，2020；Stein et al.，2014
系统动力学模型	根据不同要素之间的关系构建系统动力学模型，模拟 WEF nexus 系统内部的互馈关系。	Bakhshianlamouki et al.，2020；Cai et al.，2019；Jia et al.，2021；Keyhanpour et al.，2021；Naderi et al.，2021；李桂君 等，2016
贝叶斯网络模型	模拟 WEF nexus 系统与人类活动、生态的因果关系和不确定性。	Kamrani et al.，2020；Shi et al.，2021；施海洋 等，2020
可计算一般均衡模型	模拟不同水、能源、食物、土地、经济政策情景下的 WEF nexus 系统状况。	项潇智，2020
GLOBIOM 模型（Global biosphere management model）	使用耦合了水动力学和气候情景的 GLOBIOM 模型，评估气候变化和社会经济对水消耗、土地利用、食品贸易的影响。	Pastor et al.，2019
全球变化分析模型（GCAM）	使用 GCAM 和部门降尺度模型，分析社会经济变化、气候变化和气候政策影响下，能源、水和土地系统演化规律。	Wild et al.，2021
WEF Nexus Tool 2.0	在线分析 WEF nexus 系统，核算其与外部环境的作用关系。	Daher et al.，2015
WEFO 模型（Water, energy and food security nexus optimization model）	模拟 WEF nexus 系统与经济社会需求、生产成本和环境约束的关系。	Zhang et al.，2017
ITEEM（Integrated technology-environment-economics model）模型	集成式的技术-环境-经济模型，量化管理方法、技术和政策干预对玉米地 WEF nexus 系统的影响。	Li et al.，2021

注：近年来，水-能源-粮食关联系统分析得到了各界学者的广泛关注，开展了大量实践工作，很难完整给出所有分析方法，本书所列为相关的主要分析方法，基本体现了目前研究方法的总体情况。

1.2.3 中亚国家尺度水-能源-粮食关联系统相关研究

干旱区占地球陆地面积的 41%，全球超过 38% 的人口生活在干旱区（Huang et al.，2017；刘焱序 等，2021），而受水资源胁迫影响，干旱区水、能源、粮食危机非常突出。中亚地处北半球亚洲大陆干旱区，主要包括哈萨克斯坦、吉尔吉斯斯坦、塔吉克斯坦、土库曼斯坦和乌兹别克斯坦五国。中亚五国水资源时空分布差异性大，能源类型和资源量各异，耕地资源和主要作物类型不同，分别受到水资源、能源、粮食单一要素或复合要素危机的影响（Ma et al.，2021；Rakhmatullaev et al.，2018；Saidmamatov et al.，2020；Shi et al.，2021；Zhang et al.，2021）。由于灌溉农业发达，中亚地区的年人均总取水量在全球各大区域中，处于高值水平，2000 年和 2017 年均接近 2000 m³，约 20% 的农业人口居住区面临水资源严重短缺的问题，绝大部分灌溉农田存在较高或极高水资源压力(FAO,2020)。此外,受气候干旱、水资源供需矛盾突出的影响,中亚地区生态环境异常脆弱,对气候变化和人类活动影响非常敏感。因此,中亚是 WEF nexus 系统研究的典型地区,对中亚 WEF nexus 系统的综合评估既可为中亚可持续发展提供依据,还可为干旱区水资源、能源、粮食优化利用与管理提供理论和方法参考。

苏联解体前,中亚五国水资源、能源、粮食的使用与分配由苏联政府统一协调管理,在灌溉季节,上游水资源丰富国家泄水为下游国家灌区提供农业用水,下游耕地和能源丰富国家生产的粮食可满足上游国家的部分粮食需求,并通过统一电网为上游国家提供电力服务(陈佳骏等,2018)。1991 年,苏联解体后,中亚各国经历着社会、政治、经济、自然资源管理模式的变革,原有的统一管理机制无法再起作用,为保障本国利益,各国开始采取新的水-能源-粮食政策,由于水资源总量短缺和各国利用要求不同,咸海流域上游国家(吉尔吉斯斯坦和塔吉克斯坦)和下游国家(哈萨克斯坦、乌兹别克斯坦和土库曼斯坦)之间水资源分配冲突日益严重,上游国家希望在夏季蓄水,冬季放水,开发水电以满足能源需求,但下游国家需要充足的水资源用于农业灌溉、工业生产和居民生活,特别是作物生长季节(Wang et al.,2021;李立凡 等,2018)。塔吉克斯坦和吉尔吉斯斯坦为保证能源安全,开始建造新的大型水电设施,比如,塔吉克斯坦的罗贡水电站(瓦赫什河)和达什提-朱马水电站(喷赤河),吉尔吉斯斯坦的坎巴拉水电站(纳伦河)(Kuzmina,2018)。此外,中亚各国并未走上提高水资源利用效率的道路,为保障经济社会发展,各国不断增加水资源抽取量,加剧了水资源耗竭的进程,各国内部管理机制也不健全,不同部门在水资源利用上各自为政,可供利用的水源越来越有限,使用成本也不断增加(Rakhmatullaev et al.,2018)。

除以上管理与利用方面的因素外,人口增长、全球变暖、作物需水量增加等也进一步加剧了中亚地区的水压力和冲突(Siegfried et al.,2012;Tian et al.,2020)。未来,在气候变化和人类活动的影响下,中亚 WEF 危机将进一步加剧,阻碍区域可持续发展目标的实现。根据联合国的预测,到 2050 年,中亚地区的人口将增加至近 1 亿(United Nations,2019),中亚五国在满足日益增长的水资源、能源和粮食需求方面,将面临更加严峻的挑战。气候变化同时影响水资源供给量和农业需水量,在全球增温 2.0 ℃情景下,与历史时期(1976—2005 年)相比,中亚供水和需水差距会进一步扩大,如哈萨克斯坦北部雨养农业区和费尔干纳灌区降水与作物需水量之差将分别增加 2.8×10^8 m³ 和 1.5×10^8 m³,中亚水与粮食之间的关系将更加失衡(Li et al.,2020b)。水、能源和粮食之间存在着协同和权衡关系(Albrecht et al.,2018;Fader et al.,2018;Putra et al.2020),有学者阐述了中亚水、能源与粮食之间可能存在的协同和权衡作用(Ma et al.,2021;Roidt et al.,2018),评估了中亚五国水-能源-粮食-生态的压力(Qin et al.,2022)。总体而言,由于水与能源、水与耕地天然禀赋的严重空间不匹配,导致中亚五国面临"水-能源""水-粮食""能源-粮食"多种冲突(于宏源 等,2021),加之长期不合理的水资源、土地资源开发利用、农业生产活动,以及地处干旱区、受气候变化干扰程度高等特点,WEF nexus 系统内要素之间冲突日益严重,中亚地区已成为世界上水资源、能源、粮食危机最为严重的地区之一(Jalilov et al.,2013)。

以上有关中亚五国水、能源和粮食基本状况、管理体制、国家间关系、综合评价等方面的研究工作,为定性认识中亚地区国家尺度的 WEF nexus 系统状态和内部关系提供了丰富的理论知识和经验积累,单一或两两要素、系统综合状态的量化分析,也为准确把握中亚五国水、能源、粮食情势提供了依据,但目前,针对国家尺度,综合考虑供需关系、自给性、利用效益、民生福祉等因素,开展中亚五国 WEF nexus 系统安全分析的量化研究较少,不同国家的核心制约因素及原因差异尚不明晰,水、能源、粮食互相之间的权衡与协同关系及其与系统综合安全的关系仍不明确。

1.2.4 中亚流域尺度水-能源-粮食关联系统相关研究

前述分析表明,中亚国家尺度水-能源-粮食关联系统量化研究相对较少,中亚地区水、能源和粮食问题的症结和解决要点在于流域,目前,中亚地区有关 WEF nexus 系统的研究主要是基于水文模型、规划模型、贝叶斯网络等分析流域尺度的 WEF 关联关系(Granit et al.,2012;Jalilov et al.,2016;Ma et al.,2020;Shi et al.,2021;Zhang et al.,2021)。例如,通过分析咸海流域的水、能源、粮食状况及其挑战,确定了咸海流域实施 WEF 综合管理的关键要素(国内生产总值(GDP)、用水量、耗电量、水电占比等)(Saidmamatov et al.,2020)。基于双层规划模型的咸海流域水-能源-粮食-生态研究表明,通过优化水资源分配模式,可以将咸海流域的农业用水比例减少 17%,粮食产量、生态供水和发电量分别增加 2.0%~3.6%、0.9%~3.0% 和 5.4%~8.5%,为解决该地区水资源短缺、粮食危机、生态退化和电力不安全等问题提供了依据(Ma et al.,2021)。基于协同理论的随机分数(Copula-based stochastic fractional programming)方法分析不同情景下咸海流域水资源、耕地和水力发电情况,结果表明,到 2035 年,在严重缺水的情况下,水力发电量将减少 11.9%,而作物面积将增加 12.4%,农业用水量会随着时间的推移而减少(从 2021 年的 69.1% 减少到 2035 年的 53.9%),为保证粮食安全,小麦面积占比将增加 16.4%,减少乌兹别克斯坦农业用水量是优化流域整体水资源利用,缓解水资源短缺引发的国际冲突的有效手段(Zhang et al.,2021)。基于贝叶斯网络模型,研究者对比分析了阿姆河流域和锡尔河流域水-能源-粮食-生态之间的因果关系差异(Shi et al.,2021)。

咸海流域是中亚地区最重要的流域,由于水电开发、灌溉农业发展等导致的入咸海水量严重下降,进而引发的咸海生态危机被认为是"20 世纪最大的人为环境灾难"(何明珠 等,2021)。咸海流域包括阿姆河流域和锡尔河流域,其中,阿姆河主要流经阿富汗、塔吉克斯坦、土库曼斯坦和乌兹别克斯坦(李文静 等,2021),是中亚径流量最大的河流(78.77 km³)(OECD,2020),补给了咸海约 68% 的水量(高胖胖,2021),阿姆河入咸海径流量和流域灌溉面积是锡尔河的近 3 倍(徐海燕,2016)。2000—2014 年,咸海面积从 2.8 万 km² 减小到 1.1 万 km²(萎缩 60.28%),阿姆河流域中下游高蒸散、低效的灌溉管理和高耗水的农业生产是造成咸海萎缩和生态危机的重要原因之一。锡尔河流域涉及中亚综合实力较高的哈萨克斯坦,该国近年来对其境内的锡尔河流域,特别是下游地区,开展了一系列保护工作,取得了较好的效果,而阿姆河沿线国家相对落后,水、能源、粮食安全形势更加紧迫,因资源引发区域冲突的可能性较高。农业发展已经对阿姆河地表水和地下水造成了极大的压力,如果农业得不到有效调控,阿姆河流域将面临极端干旱的风险,威胁人类生存和经济发展,阿姆河流域水危机又与能源危机密切相关,流域内有数百万人无法获得清洁和可靠的电力(Wegerich,2008)。总体而言,阿姆河流域水、能源、粮食相关研究紧迫性更强,为此,需要单独总结其进展。

在阿姆河流域水资源研究方面,学者通过集成 CA-Markov 模型、全球气候模型(GCM)和 SWAT 模型,建立了多情景集成径流预测(MESF)方法,用于模拟阿姆河上游土地利用和气候变化对水文过程的影响。结果发现,2021—2050 年平均降水量和平均气温将呈上升趋势,但年平均径流量呈下降趋势,径流变化主要受气候变暖导致冰川融化的影响,年内流量峰值有从夏季向春季转移的趋势(Xu et al.,2021)。在水与粮食关系方面,2004—2017 年期间,阿姆河

10 个灌区平均净灌溉需水量介于 $514.9 \sim 715.0$ mm,区域总灌溉需水量在 $4.2 \times 10^9 \sim 11.6 \times 10^9$ m³ 之间(Khaydar et al.,2021)。2000—2014 年,阿姆河下游棉花、水稻和小麦的年均作物蒸散量(ETc)分别为 887.2 mm、1002.1 mm 和 492.0 mm,小麦的单位面积产量和水分生产率最高(4.16 t/hm² 和 0.881 kg/m³),水稻和棉花的单位面积产量和水分生产率分别为 2.27 t/hm² 和 2.22 t/hm²,0.689 kg/m³ 和 0.451 kg/m³,锡尔河沿岸灌区作物和水的生产力均高于阿姆河(Zhang et al.,2019a)。在水与能源关系方面,阿姆河流域的大型水坝和水库虽然有引起国际争端的可能性,但也是在气候和全球变化背景下,减缓该地区缺水问题的重要考虑因素,其中,阿姆河流域上游的努列克和罗贡大坝以及下游的 Tuyamuyun(图亚木云水利枢纽)是可供调控的有效手段(Olsson et al.,2008)。在水-能源-粮食综合分析方面,基于水文-经济优化模型的分析表明,如果能够综合全流域进行管理,可以在对下游灌溉产生微弱影响的情况下,大幅提高上游水电产量(Bekchanov et al.,2015);基于流域能源潜力、水供应、灌溉面积、作物需水量的长期数据,以经济效益为目标,对未来 20 年的预测表明,优化罗贡大坝运行模式既可以增加下游国家的农业收入,又可为塔吉克斯坦提供水电服务(Jalilov et al.,2013,2016)。

综上,围绕中亚流域尺度水-能源-粮食关联系统,针对单一要素、两两要素、三种要素,学者开展了良好的分析工作,为优化流域资源开发与利用、促进可持续发展提供了有益借鉴。然而,对于气候变化和经济社会发展背景下,水资源、能源、粮食三者相互消耗及其综合关系强度的变化规律的研究较为欠缺。已有研究探析了水、能源、粮食、生态之间可能的因果关系,但未能将水-能源-粮食本身作为一个系统,分析其与外部环境(如生态环境)的互塑共生关系,生态环境恶化对包括水、能源、粮食在内的可持续发展目标的反馈作用机理缺乏相应阐释。

1.3 亟待解决的问题

通过对水-能源-粮食关联系统相关的理论方法和中亚地区水、能源、粮食实践分析的相关文献的梳理总结,可以看出,WEF nexus 系统理论、方法与应用的研究日益受到重视,已经取得了一系列成果,但仍存在以下一些亟待解决的关键问题。

(1)水-能源-粮食关联系统的界定、理论支撑及研究框架体系构建问题

水-能源-粮食关联系统研究涉及多种时空尺度,准确认识并明确时空边界是开展 WEF nexus 系统研究的基础,揭示相关的基础理论,三者之间基本的相互作用机制,是合理选择已有分析方法、合理重组多种方法、科学提出新的分析方法的理论基础,明确研究思路与内容是 WEF nexus 系统解析为实践应用提供有益借鉴的前提。WEF nexus 系统涉及水资源、能源、粮食三个复杂的子系统,各有边界,三者交互作用复杂,如何为交织在一起的综合系统确定一个能够反映和解释三者关联关系的时空尺度和边界,是开展 WEF nexus 系统研究需要最先解决的基础性问题。不同空间和时间尺度的研究成果具有不同的价值,可能互为支撑。如,国家尺度的 WEF 安全,以及三个子系统之间的关系,是国际社会关注的热点问题之一。流域同时涉及居民生活、农业、水电、能源开采等,一直是水文水资源学界的重要研究对象,流域机构也是国际上较为常见的进行水资源统一调配的部门,流域尺度的 WEF nexus 系统研究既是理论研究的重点,也是推动实践应用的着力点。如何才能将二者有效结合起来,即如何耦合不同尺度研究结果,指导实践,是实现水-能源-粮食关联关系研究成果落地必须要回答的问题。

（2）水-能源-粮食关联系统的综合分析方法体系构建及基于关联关系的量化方法问题

一方面，WEF nexus 系统是一个开放式系统（王雨 等，2020），其在各种尺度均与其他外部要素发生着相互作用，如何在研究系统本身时，忽略外部因素？在研究驱动因素时，又将其与外界联系起来？另一方面，水、能源、粮食与联合国可持续发展目标紧密关联，无论是 WEF nexus 系统自身，还是气候变化和人类活动对其影响，或是其对外部环境的影响，均是非常复杂的问题，根据系统科学思维，对每一个方面单独的研究，都不可能完整准确地认识 WEF nexus 系统，也无法提供真正有价值、现实可行的决策建议。如何集成不同理论方法，开展系统的全过程综合研究，是当前面临的现实问题。三个子系统之间的协同、权衡、相互消耗等相互作用关系是水、能源、粮食得以成为一个整体的基础，也是 WEF nexus 系统的核心特征，如何将这种关联关系以数学形式表达，如何提出可以实现不同地区、不同时空尺度关联关系对比的测算方法，是亟待解决的关键问题。

（3）水-能源-粮食关联系统理论方法在缺资料地区的实践应用问题

已有的生命周期评估、系统动力学建模、足迹理论、网络分析等不同尺度的 WEF nexus 系统研究方法（Kharanagh et al.，2020；Kamrani et al.，2020；Li et al.，2020a；Ravar et al.，2020；Vinca et al.，2020；Xu et al.，2020a），为开展 WEF nexus 系统量化分析工作，提高 WEF 安全水平提供了有益借鉴，但大量的数据要求限制了这些方法在缺资料地区的应用，而缺资料地区多是可持续发展水平较低的地区，面临的水、能源、粮食问题更加严重和紧迫（Kaddoura et al.，2017；Liu et al.，2017）。如何推动缺资料地区 WEF nexus 系统状态、内部关联关系、与外部环境的作用关系等的综合研究，如何在资料有限情况下，集成化利用定性与定量分析方法，得出合理可信的分析结果，是迫切需要回答的问题。

1.4 本书主要研究目标和内容

（1）面向可持续发展的水-能源-粮食关联系统解析及其研究框架

以系统科学思维为指导，从系统论的角度，界定水-能源-粮食关联系统的定义、组成和基本范式；以系统内部要素相互作用过程、系统输入与输出、系统的影响因素为切入点，解析系统的部分与整体特征、系统与环境的交互关系等；针对水-能源-粮食关联系统多学科、多尺度的提出背景和实践需求，提出了多学科理论融合和多尺度成果耦合的研究思路；通过分析系统与可持续发展目标的关联性，提出了面向可持续发展的水-能源-粮食关联系统研究框架，涵盖研究主题、学科理论、技术方法、实践应用等；从系统状态及内部关联关系、系统驱动力、系统外部影响出发，阐释了关键研究内容。

（2）水-能源-粮食关联系统全过程综合分析方法体系

以钱学森提出的"综合集成研讨厅体系"方法论为指导，构建涵盖专家体系、知识体系、机器体系的水-能源-粮食关联系统全过程综合分析方法体系；根据系统输入输出情况、研究内容等，将其划分为 6 个子模块，阐述了模块之间的耦合关系；在国内外研究进展与相关技术方法梳理的基础上，总结归纳了已有方法在模块评估与模块耦合分析中的应用性；鉴于现有方法的不足，提出了考虑关联关系的 WEF nexus 系统分析方法；WEF nexus 系统的核心与本质在于水、能源、粮食相互之间的物质消耗关系，据此提出了基于关联关系的综合评价指标。

（3）中亚五国水-能源-粮食关联系统安全分析

集成指标体系构建、多目标决策分析方法（MCDA）、统计学方法等，提出了水-能源-粮食关联系统综合安全的分析框架；WEF nexus 系统安全评价指标体系包含了可利用量、自给性、利用效率、可获得性四个维度，分别体现了水、能源、粮食的本底情况、供需情况、产出效益、人类福祉；采用熵权法进行指标赋权，基于 MCDA 方法中的逼近理想解排序法（TOPSIS），评估了中亚五国水-能源-粮关联系统安全及三个子系统安全水平；采用斯皮尔曼等级相关系数（Spearman's rank correlation coefficient），解析了 WEF nexus 系统安全评价指标之间的协同（Synergy）和权衡（Trade-off）关系，分析了水资源、能源、粮食子系统之间的关联关系；通过 WEF nexus 系统安全与水、能源、粮食单一安全水平的对比，识别了中亚五国 WEF 综合安全的主要限制因素。

（4）气候变化和人类活动对中亚地区 WEF nexus 系统的影响研究

根据 WEF nexus 系统安全评价指标，结合降水、GDP、人口数据，构建了中亚地区气候变化-经济社会发展-水-能源-粮食的贝叶斯网络模型，分析了气候变化和经济社会发展对 WEF nexus 系统影响的基本特征。综合统计数据、遥感数据、估算数据等，获得了满足研究需求的数据，以"整体思维与分析思维相结合、跳出系统看系统"的思想为指导，首先，采用趋势分析、相关分析、作物产量分解法、干旱指数法等评估了气候变化对径流量、水电潜力、作物产量的影响；其次，采用弹性系数法分析了经济社会发展（GDP、人口）对水资源、能源、粮食需求的影响；最后，根据估算公式，分别计算了粮食部门耗能量、水部门耗能量、能源部门耗水量、粮食部门耗水量等数据，分析了系统内部相互消耗关系的变化规律，并计算了消耗关系的综合性指标，评估了气候变化和人类活动影响背景下的水-能源-粮食关联关系综合强度变化规律。

（5）中亚阿姆河流域 WEF nexus 系统与生态环境的交互作用研究

水-能源-粮食关联系统在受自然与经济社会发展影响的同时，也对其所处的外部环境产生反馈作用，中亚地处干旱区，生态环境脆弱，水生态是其核心要素，在水、能源、粮食综合开发利用的影响下，水体盐度升高是最为典型、危害性最大的结果之一。为此，首先，采用趋势分析、统计学方法，分析了阿姆河水体盐度和流量时空分布规律；其次，采用相关分析、一般双曲线模型、随机森林模型，定性定量相结合解析了 WEF nexus 系统（水量、水电资源的开发利用和灌溉农业等）与水体盐度变化的关系，建立了阿姆河流域淡水盐化的概念性模型；最后，阐释了水体盐度升高对水、能源、粮食等可持续发展目标的反馈作用。

1.5　本书的撰写思路

本研究致力于解析水-能源-粮食关联系统的内部机理，探索其综合分析方法和应用体系，以中亚地区 WEF nexus 系统多尺度、多角度综合分析为实践目标，开展工作。通过对现有 WEF nexus 系统部分与整体研究成果的归纳总结，从系统的角度出发，提出了水-能源-粮食关联系统的定义，揭示了其内部及其与外部环境之间的作用机理，构建了系统研究框架；提出了基于关联关系的综合评估方法，整合已有方法，构建了 WEF nexus 系统全过程综合分析方法的模型体系；以典型地区中亚为例，综合已有方法和本书提出的方法，结合相关学科理论知识和经验总结，依次开展了系统总体状态及内部关联关系评估、气候变化和经济社会发展对

WEF nexus 系统影响研究、WEF nexus 系统对生态环境的影响研究。本书总体技术路线如图 1-1 所示。

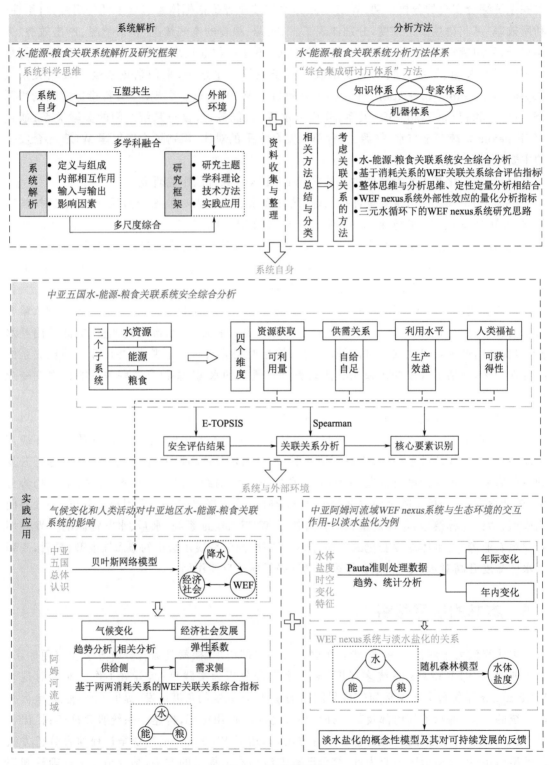

图 1-1　技术路线图

第2章　水-能源-粮食关联系统解析及其研究框架

　　水资源、能源、粮食安全是实现可持续发展的重要支撑,与可持续发展各目标存在紧密联系,围绕可持续发展,开展水-能源-粮食关联系统的理论研究是必然选择,具有重要的理论支撑作用。在系统科学思维的指导下,本章基于水-能源-粮食关联系统相关的理论、方法与应用等最新研究成果,根据研究对象的时空尺度,考虑系统物质、能量、信息交换,重新解析了WEF nexus系统的定义与组成、内部相互作用过程、输入与输出、影响因素;阐明了气候变化对水资源、能源、粮食三个子系统及其关联关系,以及不同类别人类活动对WEF nexus系统的正面和负面影响。针对WEF nexus系统跨学科分析的需求,考虑关联关系的理论研究与应用不足的现状、系统时空边界的多样性特点,剖析了多学科交叉与融合研究的具体思路,指出了多尺度研究成果耦合应用的必要性和方式。进一步分析了水、能源、粮食与其他可持续发展目标的关联性,以"研究主题—学科理论—技术方法—实践应用"为主线,提出了面向可持续发展的WEF nexus系统研究框架及其三个核心研究内容:WEF nexus系统内部关联关系和总体状态评估、系统变化的驱动因素识别和系统的外部性影响分析。本章成果可为WEF nexus系统的基础理论与应用实践研究提供新的视角,为全球与区域可持续发展目标的分析提供思路和方法借鉴。

2.1　系统科学思维与理论

　　系统是由相互联系和作用的事物交织在一起构成的统一整体,具有多样性、相关性和一体性的特征,系统思维即是以系统概念为指导,认识事物、思考事物特征的思维方式(苗东升,2004a)。系统科学是研究系统结构、功能、演化和调控规律的科学,钱学森提出要建立系统科学的结构体系来研究系统,并将其分为工程技术、技术科学、基础科学和哲学四个层次(钱学森,1981a,1981b)。苗东升对钱学森系统科学思想进行了长期的深入研究,从6个方面对系统思维进行了全面深刻的阐述,包括:(1)把对象作为系统来识物想事,即在准确划定对象系统的基础上,运用系统概念来认识对象(苗东升,2004a);(2)从整体上认识和解决问题,整体和整体性是系统的核心特征,整体观念是系统思维的第一要义,在准确把握系统整体的结构、边界、特性、功能、需求、运行状态、行为模式、空间占有、时间展开、未来走向等的基础上,大尺度、大跨度、全维度地分析问题(苗东升,2004b);(3)整体思维与分析思维相结合,系统是整体与部分的矛盾统一体,分析思维是对部分进行深入细致的解析,体现了还原论,对部分的认识可以促进对整体的把握,为实现对系统的准确深入认识,要不断进行从整体到部分、再从部分到整体的循环分析(苗东升,2005a);(4)深入系统内部精细地考察系统,即对系统的要素、结构、环境、行为(状态)、功能、过程等进行分析,要素分析和结构分析是其他分析的基础,要素分析又是结构分析的基础,因此,要深入考察要素之间的空间排列、信息关联、职能分工等,要素之间关系的总和即为结构(苗东升,2005b);(5)跳出系统看系统,系统与环境之间存在互塑共生关系,通过分析系统与环境的关系,可以解析不同系统之间差异的原因,为系统优化提供借鉴(苗东升,2005c);(6)重在把握系统的整体涌现性,涌现性是系统之所以为系统的本质,是系统区别于机械整体的特征,涌现性产生于系统内部要素之间、系统与环境之间的相互作用,由构材效应、规模效应、结构效应和环境效益造就,会创生新的信息(苗东升,2006)。系统科学思维对WEF nexus系统研究的指导性如图2-1所示。

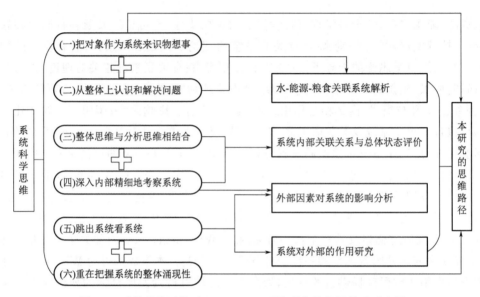

图2-1　系统科学思维对WEF nexus系统研究的指导关系示意图

2.2　水-能源-粮食关联系统解析

2.2.1　系统定义与组成

根据研究侧重点的不同,WEF nexus系统的时空边界随之变化,主要包括产品、家庭、农田、流域、城市、区域、国家、全球等空间界限(表2-1),不同空间范围内的互馈关系各有特点,不同尺度之间可能具有包含或者交叉关系。WEF nexus系统包括水、能源、粮食、时间、空间五大要素,其基本范式为:

$$F_{WEF} = f(W, E, F, T, S) \tag{2-1}$$

式中,F_{WEF}指水-能源-粮食关联系统;f指在一定时空范围内,系统内复杂的动态非线性关系;W、E、F分别指水、能源、粮食三个子系统;T指时间;S指空间。系统关联关系的形式和状态随研究的时间序列长度和时间步长、空间范围和尺度而变。

目前,尚无统一的WEF nexus系统定义,本书以关联关系为切入点,统筹五大要素,以物质、能量、信息为线索,将其定义为:一定时空范围内,在自然与人类的影响下,水、能源、粮食构成的统一整体。在这一统一整体内,水、能源、粮食相互影响、相互制约,存在着复杂的非线性互馈关系,构成一个动态平衡的系统。该系统在能量的驱动下得以运转,水、能源、粮食之间进行着物质交换,系统关联关系及状态以数据信息的形式呈现。

表 2-1　水-能源-粮食关联系统的时空边界

类别	空间边界	时间步长	相关文献
产品	生产场地	全生命周期	Li et al.，2020a
家庭	WEF 供给与消费的入口和出口	计量周期（日、月、季等）	Hussien et al.，2017
农田	农田边界	生长季节	Fabiani et al.，2020
流域	流域边界	年/月	Do et al.，2020
城市	行政边界	年	Deng et al.，2020
国家	国界	年	Putra et al.，2020
区域	地理/政治界限	年	Taniguchi et al.，2017
全球	全球国家/地球系统	年	Xu et al.，2020b

　　从系统论观点分析，WEF nexus 系统由水资源子系统、能源子系统、粮食子系统组成，子系统的表现形式和子系统之间的关联方式随研究对象而变。如，在流域尺度上，水系统主要包括"降水、蒸发、下渗、径流"的自然水循环过程和"供、用、耗、排、回"的社会水循环过程，能源系统主要指流域上游水能资源的开发与利用，粮食系统主要指流域内农田生产过程对水资源和能源的消耗，三者关系以水循环为核心。在国家尺度上，水系统更多需要从水资源供给与需求的角度，分析国家整体水安全，能源系统涵盖化石能源、可再生能源、电力资源等，粮食系统需要关注农业生产、再加工、运输、贸易、消费结构对水资源和能源的影响。由于不同国家资源天然禀赋和经济社会需求不同，水、能源、粮食均可能成为三者关系的核心。

2.2.2　系统内部的相互作用过程

　　WEF nexus 系统内部存在着物质、管理、技术等层面的关系（表 2-2）。物质层面指在三者生产、运输、供给、使用等过程中的相互消耗关系，可为量化三者关联关系提供数据支持；管理层面指某种资源对其他资源管理政策制定的支撑或制约作用，为实现三者的综合开发利用与保护、协同发展提供依据；技术层面指通过技术发展，调整三者在物质和管理层面的关系，为改进三者之间的相互消耗、协同与权衡关系指明技术发展的重点方向。

表 2-2　不同层面 WEF nexus 系统内部相互作用过程

层面	水与能源	水与粮食	能源与粮食
物质层面	化石能源开采、加工与运输过程，发电过程消耗水资源；水资源提取、输送、处理与回用过程消耗能源	作物生长、牲畜生存、食品加工与运输耗水	农业机械、生产要素（化肥、农药等）消耗能源；作物可用作生物质能
管理层面	水电资源的开发利用规划与管理	根据水资源时空分布规律，确定耕种面积和类型	协调资源配置，如生物质能资源开发，有利于能源安全，但会损害粮食安全
技术层面	化石能源开采技术提高，火力发电技术升级可降低水耗	种植模式、灌溉技术、作物类型和品种影响粮食生产的水消耗	生物质能利用技术升级，提高单位生物资源的产能量

2.2.3　系统的输入与输出

　　物质输入包括自然资源和人类加工品两大类，指水、能源、粮食子系统开始运转所需的客观物质。能量输入指驱动系统运转的动力源头(太阳能)。输出分为有益输出和有害输出,有害输出包括物质消耗产生的废水废气等,有益输出包括可供人类生产生活所需的加工品、各种形式的能源等。WEF nexus 系统运转以后,会输出系统关联关系和总体状态信息,物质和能量流动的数据信息,与系统相关的降水、气温、蒸散、人口、GDP 数据等。WEF nexus 系统的物质、能量和信息的输入输出关系,如图 2-2 所示。

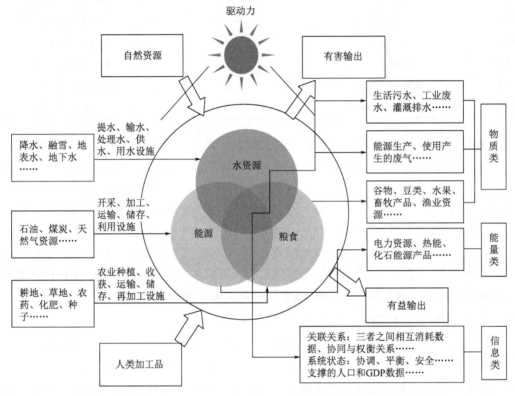

图 2-2 水-能源-粮食关联系统的输入与输出

2.2.4 系统的影响因素

气候变化和人类活动对 WEF nexus 系统具有正面和负面影响(表 2-3 和表 2-4)。气候变化主要影响水、能源、粮食的供给侧,以负面影响为主,特别是对水资源和粮食子系统而言,负面影响在经济不发达地区更明显。人类活动主要影响水、能源、粮食的需求侧,包括需求量和需求结构,如,人口增长和经济发展导致需求量增加,生活水平提高改变粮食的需求结构。此外,技术进步可提高水资源和能源的使用效率和效益。

表 2-3 气候变化对水-能源-粮食关联系统的影响

影响对象	正面影响	负面影响
水资源	• 部分地区降水量增加,提高水资源可供给量	• 水温升高和溶解氧减少,降低水体自净能力,影响水质、水资源供给和水生生态系统 • 极端事件增加,洪水或干旱期间污染物的聚集,增加水污染和病原体污染风险 • 影响水资源可利用量及其分布(刘俊国 等,2022),增加全球干旱面积

续表

影响对象	正面影响	负面影响
能源	• 北冰洋和西伯利亚及格陵兰等地区的冻土层解冻可能会增加可供开采的石油、天然气资源（Gal et al.，2022） • 气候变暖降低供暖能源需要 • 冰川融化提供新的能源贸易路线	• 洪水和风暴等极端事件会破坏化石能源开采、发电厂等能源基础设施 • 寒区多年冻土层解冻会损坏石油和天然气管道 • 气候变暖增加降温的能源需要
粮食	• 高纬度地区，气候变暖增加作物处于温度适宜范围的时间，玉米、小麦和甜菜等作物的产量可能增加 • 气温回暖，作物生长期延长，霜冻时间缩短，大气 CO_2 浓度升高，提高作物产量（FAO，2015）	• 种植业：低纬度地区，气温增加超过作物的温度适应范围，玉米和小麦等作物的产量降低；极端天气频发，增加农作物的气候变化脆弱性，降低农作物的产量和质量（肖国举 等，2007） • 畜牧业：温度、降水、大气 CO_2 浓度等变化会提高越冬期间病原体的成活率，对动物健康、牧草和饲料作物产生不良影响（FAO，2015） • 渔业和水产养殖业：深海海洋膨胀、高温和旋风等极端事件影响海洋生态系统，威胁捕捞渔业和水产养殖业
关联关系	• 水-能源：气温升高可能导致部分地区融雪径流增加，水电潜力增加 • 能源-粮食：部分地区，气候变暖会增加用来发电和其他可替代燃料生产的生物质材料数量 • 水-粮食：干旱地区的气候暖湿化、降水增加，可提高农业水资源供给量	• 水-能源：部分地区，干旱加剧可能降低水电潜力 • 能源-粮食：部分地区，气候变暖会减少用于发电和其他可替代燃料生产的生物质材料数量 • 水-粮食：气温升高，作物和牲畜需水量增加

表 2-4　不同类别人类活动对水-能源-粮食关联系统的影响

人类活动类别	正面影响	负面影响
经济发展	提高贫困地区居民水资源、能源、粮食的供给水平	可能导致资源需求增加，供需矛盾加剧。如提高农业为主地区的经济发展，可能会进一步增加农业耗水量；不发达地区的经济发展增加人均水资源、能源、粮食需求
人口增多	增加劳动力、加快能源的开发和粮食的生产，促进 WEF nexus 系统向好发展	增加水、能源、粮食需求量
科技进步、管理水平提高	提高水资源和能源的单位使用效率；提高作物产量及其对环境的适应性；降低三者间的相互消耗量	科技进步提高生活水平，可能增加资源需求，造成资源浪费；科技进步和管理水平提高会降低某一领域的资源消耗，但总的消耗量可能不降反升，如灌溉效率悖论
土地利用变化	工业用地增加会加快工业发展、提高能源利用水平，农业用地增加会提高粮食生产能力，水域增加会影响气候变化及水循环系统，有利于优化 WEF nexus 系统	城镇化加快，工农业用地增加，水资源和能源需求增加
水资源调度、电力调度工程	优化三者可利用量的空间分布关系	不合理调度导致资源压力转移
国际贸易	提高全球综合效益	导致三者在发达地区的集聚，加剧欠发达地区资源压力

2.3 水-能源-粮食关联系统理论和应用研究的基本思路

2.3.1 基于多学科融合的 WEF nexus 系统研究思路

水、能源、粮食之间的关联关系极其复杂,涉及多种时空尺度,根据研究需求不同,需要采用不同的学科融合思路。学科交叉与融合可分为学科理论和技术方法两个层面。理论融合指不同学科基本假设、基本原理、基本概念的相互借鉴、补充和结合。如,比较优势理论(经济学)用于分析两个地区能源和农产品生产的水资源成本(水资源学)及其贸易的可能性;借鉴生态系统的生物多样性概念,分析水、能源、粮食供给多样性对 WEF nexus 系统稳定性的影响;借鉴投入产出模型,根据相互消耗关系,构建水、能源、粮食投入产出数据库。技术方法融合指在理论融合的基础上,将某一学科的技术方法嵌入另一学科的方法中。如,在流域水文模型中,以能源部门的耗水为连接,加入能源的生产与消费模型,在农业模块中,加入作物需水动态估算模型;在跨界流域的 WEF 优化利用与管理中,由于地区间的不信任、不合作,使其成为一个 wicked problem(抗解问题),理论上的全局最优方案在现实中很难实施,可以引入博弈论或社会学中的文本情感分析(Lu et al.,2021)等方法,对优化方案进行现实的可行性分析。

根据研究内容的不同,具有不同的融合思路,对于 WEF 需求的研究,需要经济学、管理学等的交叉,分析不同管理政策、经济发展水平下居民对水、能源、粮食的需求变化规律;对于水资源的供给研究,需要水文学、气象学、水资源学、地理学等的交叉,研究不同气象和地理条件对水循环过程、水资源利用等的影响;对于农业需水的研究,需要气象学、农学等的交叉,研究气象与作物品种等对作物需水量的影响。

2.3.2 不同尺度研究成果的耦合应用思路

总体而言,中微观尺度 WEF nexus 系统研究可为宏观尺度 WEF nexus 系统研究提供基础,小尺度和大尺度 WEF 的管理决策可以相互提供依据,小尺度 WEF 目标的集合决定大尺度 WEF 的状态,大尺度 WEF 目标的分解决定小尺度应该实现何种目标。如,城市是由家庭、社区等社会单元构成的,城市发展的重要目标在于保障居民水、能源、粮食使用权益,而居民的饮食、消费、用水、出行等习惯会对城市 WEF 供给提出不同的要求,二者必须结合起来,统筹家庭、社区 WEF 需求的优化研究和城市 WEF 供给的管理研究。大型流域会涉及多个行政区,甚至多个国家,流域 WEF nexus 系统状态会影响沿线区域水、能源、粮食安全,反之,沿线区域对 WEF 需求差异,会影响流域 WEF 管理与利用政策。在跨国界河流尤为明显,如中亚咸海流域,上游国家位于山区产流区,水资源、水能资源极其丰富,土地资源和化石能源缺乏,而下游国家耕地资源、化石能源相对丰富,水资源极其缺乏,且受上游国家水资源利用方式影响大。咸海流域又占据了沿线国家大部分国土面积。因此,对流域水、能源、耕地资源的开发利用,涉及国家安全、区域稳定和可持续发展问题,必须将流域和国家尺度 WEF nexus 系统研究与管理综合起来,最大程度发挥流域对保障沿岸国家 WEF 安全的作用。

2.4 面向可持续发展的水-能源-粮食关联系统研究框架

2.4.1 水-能源-粮食关联系统与可持续发展目标的关联性解析

作为联合国 2030 可持续发展目标(SDGs)中的三个重要目标(水资源:SDG 6,能源:SDG 7,

粮食:SDG 2),不仅水、能源、粮食三者之间存在着相互作用,还直接或间接地影响到其他可持续发展目标(图 2-3),反之,三者也受到其他目标的影响(林志慧 等,2021;张超 等,2021)。前述分析了气候变化和人类活动对 WEF nexus 系统的影响,与二者相关的可持续发展目标(SDGs 9,11,12,13)正是为了缓解可能的不利影响。在 WEF nexus 系统对 SDGs 的影响方面,不合理的水资源开发利用、能源和粮食生产活动会导致水资源短缺、水生态恶化、土壤污染、大气污染、加剧气候变化等不良后果。如,研究表明,2015 年粮食系统的温室气体排放量占总排放量的 34%,其中 71% 来自农业活动和土地利用过程,29% 来自食品供应链环节(Crippa et al.,2021);能源开采与使用过程会产生有毒有害物质,威胁生态环境和人体健康。总体而言,WEF nexus 系统的不良运行会对海洋和陆地生态系统(SDGs 14 和 15)产生破坏性影响,威胁人类生命健康(SDG 3),制约经济社会发展,减少就业岗位(SDG 8),加剧贫困问题(SDG 1),增大区域不平等(SDG 10)。气候变化和人类活动会改变水、能源、粮食子系统状态,叠加区域水循环的"自然-社会-贸易"三元属性(邓铭江 等,2020),使 WEF nexus 系统的内部关系与系统状态不断变化,对人类福祉、生态环境等可持续发展目标产生促进或制约作用。科学分析其状态与关联性,最大化有利的外部影响,最小化不利的影响,对于区域可持续发展极为重要。

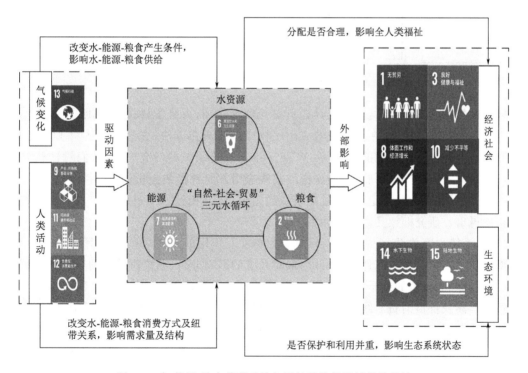

图 2-3　水-能源-粮食关联系统与可持续发展目标的关联性

2.4.2　水-能源-粮食关联系统研究框架

基于文献调研及综合,本书提出了以"研究主题—学科理论—技术方法—实践应用"为主线的水-能源-粮食关联系统研究框架(图 2-4)。其中,研究主题是基于系统论的思想,通过解析 WEF nexus 系统整体与局部、局部与局部、整体与外部环境之间的联系所得出的;WEF nexus 系统研究的是涉及多学科交叉的问题,框架中涉及的学科为与 WEF nexus 系统研究相

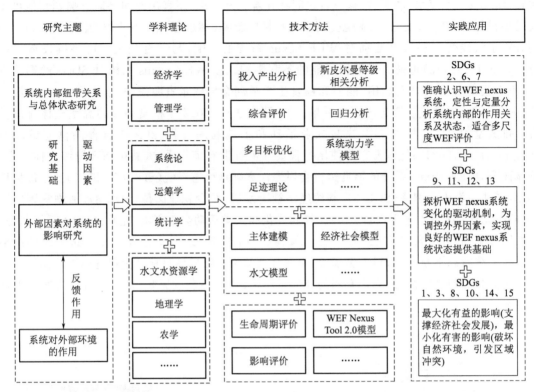

图 2-4　面向可持续发展的水-能源-粮食关联系统研究框架

关的较为成熟的基础学科,这些学科具有坚实的理论基础,为跨学科探讨提供了有益的支撑;框架中提及的技术方法,是在其他领域应用比较广泛的成熟方法,这些方法适用于系统关系、系统驱动力与外部影响问题的分析,在 WEF nexus 系统领域的研究中,学者们对这些方法的合理性、适用性进行了分析、验证;所提出的实践应用方向紧密贴合联合国可持续发展目标,是基于物质、能量循环的基本定律,通过对系统的组成、内部相互作用过程、输入输出、影响因素的剖析所得出。研究框架具体内容如下。

(1)从系统内部关系、系统与可持续发展目标交互作用的角度,将研究主题分为三大类:系统内部关联关系与总体状态评估、外部因素对系统的影响分析、系统对外部的反馈作用研究。

(2)根据切入视角的差异,涉及的学科包括社会经济管理类、数理统计类、工学、理学、农学等。经济学涉及价格消费曲线、国际贸易、比较优势理论、边际效用理论、资源价值等理论;管理学涉及需求层次理论、组织管理、目标管理、系统管理等理论概念;数理统计学科涉及最优化理论、决策理论、博弈论、相关分析、贝叶斯分析等理论方法;水文与水资源学包括水循环理论、水资源经济学、水资源供需优化配置理论(左其亭 等,2022)、水分与热(能)量平衡、水盐平衡、水沙平衡、综合平衡等理论方法;农学涉及作物生长发育、需水、产量机理等研究成果。

(3)根据 WEF nexus 系统三大研究主题和相关学科理论,总结了目前主要涉及的技术方法(林志慧 等,2021;王红瑞 等,2022;王雨 等,2020),并提出了三大主题对应的实践应用领域。

(4)基于对 WEF nexus 系统研究主题、理论与方法的分析,及其与可持续发展目标关系的解析,提出了研究的实践应用方向。首先,对 WEF nexus 系统内部作用机理及状态的定性定量分析,有助于实现对 SDGs 的现状评价(SDG 2:粮食,SDG 6:水资源,SDG 7:能源);其次,对 WEF nexus 系统变化驱动因素及机制的模拟,可为制定与优化 SDGs 提供依据(SDG 9:气候变化,SDG 11:产业布局和基础设施建设,SDG 12:城市和社区发展,SDG 13:消费和生产模式);最后,对 WEF nexus 系统外部性影响的研究,有利于消除可持续发展中存在的贫困(SDG 1)、不平等(SDG 10)和生态环境破坏(SDG 14 和 SDG 15)问题,实现经济社会可持续发展(SDG 8),保障民生福祉(SDG 3)。

所提出的 WEF nexus 系统研究框架考虑了其与 SDGs 的交互作用,据此开展的研究直接或间接将 SDGs 纳入分析过程。如,在水-能源-粮食综合安全评价中,所构建的评价指标体系可直接采用 SDGs 2,6,7 内的子目标;对水、能源、粮食供需关系、优化利用与保护的研究中,必然间接涉及对经济发展(SDG 8)、生态环境(SDG 14 和 SDG 15)影响的分析。

2.4.3　水-能源-粮食关联系统重点研究内容

根据三大研究主题,WEF nexus 系统重点研究内容如下:(1)系统内部关联关系与总体状态评价:水资源、能源、粮食"两两""三者"之间的输入与输出、协同与权衡关系;关系强度的定量分析,评估指标和标准的确定;关系类型的划分与界定、衡量标准的确定,以单一要素(水、能源、粮食)为主导,以某两种要素(水-能源、水-粮食、能源-粮食)为主导等;关系类型的演变规律与驱动因素分析;系统的综合安全、综合效益分析指标与方法等。(2)外部因素对系统的影响分析:气候变化(降水、气温等)对 WEF 供给量、供给结构、供给稳定性(极端事件影响)、年际年内变化规律等的影响;经济社会发展(人口、GDP 等)对 WEF 需求量、需求结构、需求年际年内变化规律等的影响;管理政策、技术水平等对"水耗能、能耗水、粮耗水、粮耗能"的关联关系影响。(3)系统对外部的作用研究:水资源开发利用导致的水资源短缺、水污染、生态系统退化等对人类安全用水、生物多样性、生态环境等影响的量化;能源开发与利用过程中排放的有毒有害气体,对大气和人体健康的影响分析;粮食生产活动导致的土地资源退化(盐化、碱化等)引发荒漠化、沙尘暴等,对生态和人类生活的影响分析;WEF 综合承载力的量化及三者关系失衡引发地区冲突的可能性与应对措施研究。

根据三大研究主题,针对不同空间尺度,研究重点各有不同,概括如下:(1)产品尺度,从全生命周期角度,分析产品加工、运输、使用等阶段的资源消耗规律,识别主要消耗阶段及其原因,研究降低资源消耗量的技术;(2)家庭尺度,分析不同地区、收入水平、教育水平、家庭人员结构下的水、能源、粮食消耗量、消耗结构、年内日内使用量曲线等规律,研究如何实现对家庭 WEF nexus 系统的监测、管理与优化;(3)农田尺度,以农业生产为核心,分析不同灌溉水源、灌溉方式、水价制度、电价制度、新能源使用等情况下的水、能源消耗与农业产出的关系,以期以最低的水、能源投入,实现最大的农业产量和产值;(4)流域尺度,考虑合理的补偿机制,以全流域水资源优化利用为核心,通过对能源和粮食部门内水资源的分配,实现系统综合效益最大;(5)城市尺度,摸清城市 WEF 时空特征及关系,分析三种资源的供需关系,以支撑城市经济社会发展;(6)国家尺度,摸清国家 WEF 时空特征及关系,研究如何通过提高管理和技术水平,适当的调控措施,实现国家层面的资源最优化利用和 WEF 安全;(7)区域/全球尺度,分析区域/全球 WEF 天然分布特征、开发利用水平差异,确定不同国家的比较优势,研究国际贸易在全球 WEF nexus 系统中的作用,避免因水、能源、粮食危机引发区域冲突,推动与水、能源、粮食相关的可持续发展目标的实现。

2.5 本章小结

通过对水-能源-粮食关联系统相关研究成果的综合分析,考虑三者与可持续发展目标的关系,本章分析了 WEF nexus 系统的内部相互作用过程、输入输出关系,梳理了气候变化和人类活动两大驱动因素对系统的积极和消极影响。取得的主要认识如下。

(1)WEF nexus 系统时间和空间边界、关联关系、涉及要素随研究对象不同而变,但均需要解析三者的相互支撑、投入产出关系,才能真正将 WEF 作为整体进行分析。为此,必须尽快提出适用于不同时空尺度,考虑关联关系的综合性评估指标。

(2)对于关联关系的研究,将其他要素加入 WEF nexus 系统构成更加复合的系统,如水-能源-粮食-生态系统、水-能源-粮食-碳循环系统等,虽然有助于拓宽 WEF nexus 系统研究内涵,但扎实的 WEF nexus 系统的理论和方法是开展此类研究、实现 WEF 综合管理的基础。当前,首先,应更多聚焦于揭示 WEF nexus 系统自身变化机理,其次,再将其他因素视为 WEF nexus 系统的驱动或反馈因素,开展其与可持续发展相关目标关系的研究工作。

(3)WEF nexus 系统思想是在水、能源、粮食交互作用日益凸显的背景下提出的,目标是实现 WEF 安全。需要围绕不同对象,在开展跨学科研究的基础上,探索不同时空尺度研究成果的具体集成方式,为实现 WEF 综合管理与利用,提供理论和决策依据。

第 3 章　水-能源-粮食关联系统全过程综合分析方法体系

　　水-能源-粮食关联系统的解析与理论研究表明,其包含了系统内部关联关系和总体状态评估、系统变化的驱动因素识别和系统的外部性影响分析三大研究主题。根据系统科学思维,对系统的研究既需要整体思维与分析思维相结合,又要做到跳出系统看系统,因此,对 WEF nexus 系统的研究,不能仅仅局限于单一主题,不同主题之间存在着相互支撑或制约的关系,必须综合分析三方面内容。本章在第 1 章对已有研究梳理和第 2 章对 WEF nexus 系统解析的基础上,考虑数据收集和量化方法的适用性,将 WEF nexus 系统及其所处环境,划分为 6 个模块,分析了模块耦合思路,总结了适用于不同模块研究的主要技术方法;基于对系统的解析和要素间关系的认识,考虑方法的普适性和全面性,结合开展的实例研究需要,提出了考虑关联关系的分析方法;以钱学森提出的"综合集成研讨厅体系"方法为指导,构建了水-能源-粮食关联系统全过程综合分析方法体系。该体系可实现对 WEF nexus 系统的全面分析,在量化过程中,还可以充分发挥专家知识和经验等人类智慧,是将理论研究成果落地的重要工具。

3.1　分析方法体系总体构建思路与概述

　　20 世纪 80 年代末,钱学森提出了开放的复杂巨系统的概念及其研究方法(钱学森 等,1990),复杂指系统内部之间的关联关系复杂多样,"巨"指组成系统的子系统种类多样、数量巨大,开放指系统与其所处环境存在物质、能量和信息的交换。钱学森独创性地提出了"定性定量相结合的综合集成方法",实现了科学理论、经验知识、专家判断力、数据和信息、计算机技术的综合应用,最大限度地发挥了人类和机器的优势。随后,钱学森及其合作者不断对该方法进行完善,历经"从定性到定量的综合集成法"的过渡,最终形成了"以人为主、人机结合,从定性到定量的综合集成研讨厅体系",可将其视为一个由知识体系、专家体系和机器体系综合集成的虚拟工作平台(王丹力 等,2021)。其基本结构示意如图 3-1 所示,知识体系囊括了相对比较成熟的现有学科理论知识、大量实践得到的经验性知识等;专家体系体现了"以人为主"的思想,强调专家经验、分析讨论、思维和推理等人脑系统功能的重要作用;机器体系是对人脑系统的有益补充,协助进行数学计算、量化分析等人类处理起来较慢的计算工作。

　　地理系统、社会系统是典型的开放的复杂巨系统(钱学森,1989),结合第 2 章有关 WEF nexus 系统的解析,水-能源-粮食整体与组成部分既属于地理系统,又属于社会系统,包含了多种子系统、要素,相互之间关系极其复杂,与外界环境存在着物质、能量和信息的互馈关系,WEF nexus 系统是一个典型的由多个人为系统与自然系统交织在一起的复杂巨系统。

　　本研究依据"以人为主、人机结合,从定性到定量的综合集成研讨厅体系"方法论,构建了水-能源-粮食关联系统全过程综合分析方法体系。该体系是一套包括水-能源-粮食数据库和量化方法(机器体系)的体系,结合理论知识(知识体系)和专家经验(专家体系),以期实现在城市、流域、国家、区域、全球等中观、宏观尺度上,对水资源、能源、粮食、WEF nexus 系统及其驱动因素与外部性影响的全过程综合分析,为相关决策提供技术手段和科学支撑。

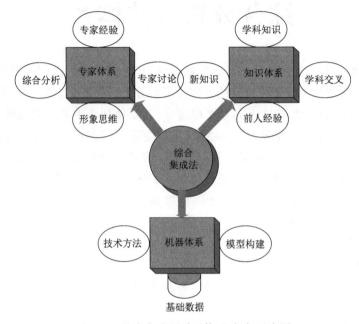

图 3-1 "综合集成研讨厅体系"框架示意图

3.2 分析方法体系应用思路与主要模块间的耦合办法

3.2.1 分析方法体系应用思路与主要模块概述

基于"综合集成研讨厅体系"方法,开展 WEF nexus 系统研究的基本思路如下:(1)针对特定研究区域,结合知识体系和专家体系,认识研究区水资源、能源、粮食的基本情况,开展逻辑分析,阐明 WEF nexus 系统可能的要素类型、结构关系、所处状态、具备的功能、演变过程等;(2)依据机器体系包括的技术方法,再结合通过知识和专家体系得到的宏观定性认识,选择适用于研究区的分析计算方法、评估模型等,开展量化分析;(3)综合对比定性认识和定量计算结果,形成最后的结论。

水-能源-粮食关联系统全过程综合分析方法体系由经济社会模块、水文气象模块、水-能源-粮食关联关系模块、生态环境模块、人群健康模块和技术与管理优化模块六个子模型耦合而成。六个子模型的基本功能如下:(1)经济社会模块。通过输入的人口与经济结构、贸易信息等驱动水-能源-粮食关联关系模块需求侧的运行。(2)水文气象模块。通过输入的降水、气温、蒸散、径流等驱动水-能源-粮食关联关系模块供给、需求的运行。(3)水-能源-粮食关联关系模块。通过经济社会与水文气象模块的输入,基于水-能源、水-粮食、能源-粮食两两互馈,形成水-能源-粮食消耗强度的关联关系、消耗总量的关联关系、总体状态等 WEF nexus 系统的内在特性。(4)生态环境模块。根据水-能源-粮食关联关系模块运转以后的资源挤占效应和有害物质输出,分析水、能源、粮食子系统综合运转对水质、水生态、土壤资源、空气质量、生态系统等的影响。(5)人群健康和效益模块。分析"水-土-气-生"(水:水资源,土:土壤,气:空气,生:生态环境)恶化对人群健康的影响及由此造成的经济损失。(6)管理及技术优化模块。通过用水、用能、粮食生产技术设定,管理政策优化等手段,调控经济社会模块和气候模块对水-能源-粮食关联关系模块的影响。

3.2.2 模块间的耦合方法

基于"综合集成研讨厅体系"思想的模块之间耦合关系示意如图 3-2 所示,知识体系为模块耦合提供理论知识支撑,专家体系为模块之间的关系分析及其方法选择提供依据,机器体系涵盖了已有的主要分析方法和本研究提出的考虑关联关系的分析思路与计算方法。知识体系、专家体系和机器体系的综合集成应用即可实现模块之间的耦合,进而达到一体化、全过程分析 WEF nexus 系统的目标。模块之间耦合的具体步骤和逻辑如下。

(1)计算单元划分。基于统计数据,依据经济社会学、水文地理学理论,以城市为研究对象时,计算单元划分为城市或其下属区县;以流域为研究对象时,计算单元划分为流域内涉及的行政区、其他人为管理区(如灌区)等;以国家为研究对象时,计算单元划分为国家或其下属省级行政区;以区域为研究对象时,计算单元划分为区域内的国家或城市;以全球为研究对象时,计算单元划分为不同地理区域、不同经济发展水平的国家群体或单个国家。兼顾自然与人文属性,以流域自然水循环为基础,考虑人类用水的社会水循环、经济活动引起的贸易水循环,计算单元划分可采取子流域-灌区-行政区的嵌套式划分方法(裴源生 等,2020)。

(2)经济社会模块与水-能源-粮食关联关系模块的耦合。经济社会类数据一般以行政区为单位进行统计和公开,近年来,随着遥感、地理信息技术的应用,产生了栅格类型的人口、GDP 等经济社会数据,经济社会数据可以行政区划或栅格为基本单位,输入水-能源-粮食关联关系模块。经济社会数据来源包括各级政府统计资料、流域机构统计资料、世界银行等。对于以行政区为基本单元的数据,可根据区域内城镇、乡村、工业用地、耕地等的分布和面积比例,结合人口等权重因子,对数据进行分解,使其适用于相应的子流域。根据管理及技术优化模块提供的用水/用电定额类数据、饮食结构及人均需求数据、万元工业增加值用水量、灌溉用水效率系数等进行 WEF 需求侧计算,获得子流域 WEF 需求量。

(3)水文气象模块与水-能源-粮食关联关系模块的耦合。水文气象模块数据包括站点、栅格、行政区等多种类型,数据来源包括全球模型数据(PCR-GLOBWB、GCMs)、再分析数据(ERA5)等。水文要素是水-能源-粮食关联关系模块的水资源子模块的输入,气象要素同时对水资源和粮食子模块的运转产生影响,水资源子模块中径流要素的变化会引起水电资源变化。

(4)管理及技术优化模块与经济社会模块、水-能源-粮食关联关系模块的耦合。管理模块可调控经济社会要素的结构、空间分布格局,对水资源、能源、粮食进行综合管理;技术模块改变水-能源-粮食关联关系模块中的技术效率指标输入,实现对 WEF nexus 系统内部关系和状态的仿真模拟、优化与动态调控,为技术发展目标提供依据。

(5)水-能源-粮食关联关系模块与生态环境、人群健康和效益模块的耦合。水资源开发利用挤占生态环境用水,引起水生态恶化,能源和灌溉相关的废水排放会引起水质恶化;化石能源燃烧会排放大量有害气体,污染空气;为保障粮食生产而进行的土地资源开发利用、农业生产资料投入,会破坏陆地生态系统,引起盐碱化、沙尘暴等。WEF nexus 系统综合运转以后,产生的有害输出会破坏生态环境,通过饮水、空气等途径对人体健康造成影响,修复受损的生态环境和疾病人群的治疗会造成经济效益损失。

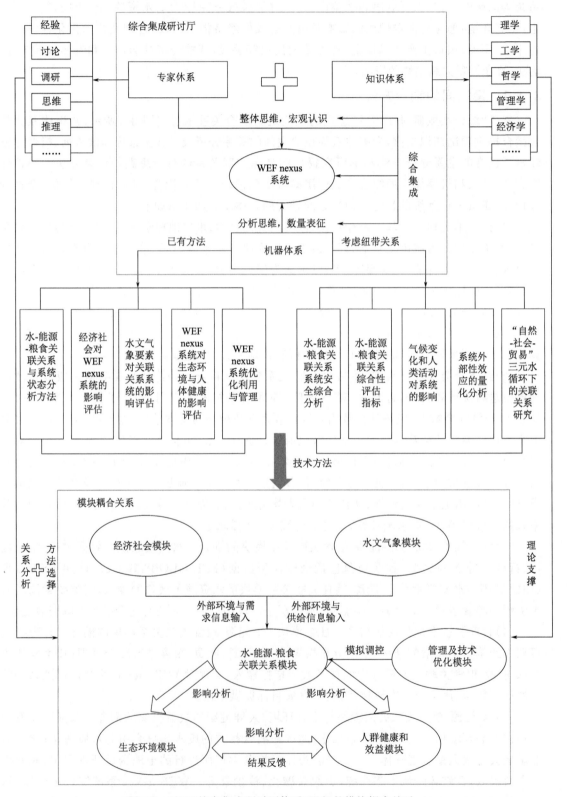

图 3-2 基于"综合集成研讨厅体系"思想的模块耦合关系

3.3 不同研究阶段的已有主要分析方法

相关学者从研究切入点、应用尺度、优势与不足、研究目的等对已有的 WEF nexus 系统相关研究方法进行了总结与比较（王红瑞 等，2022；张宗勇 等，2020），如从研究内容的差异，有学者将研究方法划分为 WEF nexus 系统的关键过程、系统整体、系统内外部要素的评估三个方面（林志慧 等，2021），为根据研究需要选择不同的方法，提供了有益借鉴。本书在以上研究的基础上，结合系统科学的"从整体上认识系统""整体思维与分析思维相结合""跳出系统看系统"等，进一步将已有研究方法划分为 5 类（表 3-1）：(1) WEF nexus 系统自身分析方法，可实现对系统整体、关键关系的评估；(2) 经济社会发展对 WEF nexus 系统的影响评估方法，可实现人类需求对系统的影响分析；(3) 水文气象要素对 WEF nexus 系统的影响评估方法，可实现气候变化对 WEF 供需的影响分析；(4) WEF nexus 系统对生态环境与人体健康的影响评估方法；(5) WEF nexus 系统优化利用与管理方法，为调控方案的制订与选择提供依据。

这种划分思路，一方面，可为不同研究需求的方法选择提供参考；另一方面，为 WEF nexus 系统的全面认识提供分阶段的分析思路及其相应的主要研究方法。不同方法的具体理论内涵、使用步骤等详细介绍，可参考相关文献，本书不再赘述，只对其基本内容予以简要说明。

表 3-1 不同研究阶段的主要分析方法

研究阶段	研究方法	研究关注点
WEF nexus 系统自身分析	指标评价法	系统整体状态
	斯皮尔曼等级相关系数法	协同或权衡关系
	足迹和隐含资源法	物质消耗关系
	复杂网络系统	表征关系强度
	系统动力学模型	关联关系模拟
	多主体建模	形式化表达和模拟分析 WEF nexus 系统内部关系及系统与外部环境的关系
经济社会发展对 WEF nexus 系统的影响评估	弹性系数法	单位人口/GDP 变化引起的 WEF 需求变化量
	经验公式法	不同收入、技术、管理水平下的 WEF 需求
	投入产出模型	WEF 开发利用所需投入的要素分析
水文气象要素对 WEF nexus 系统的影响评估	统计学方法	气候要素变化与 WEF 供给或需求的统计学关系分析
	贝叶斯网络	水文气象要素变化对 WEF 的影响分析
	机理模型法	气候要素变化对 WEF 的作用机理
WEF nexus 系统对生态环境与人体健康的影响评估	随机森林模型	解析 WEF nexus 系统与生态环境的关系
	水质评价法	水质恶化（如盐化）对生态环境、作物生产、人体健康的影响
	暴露-效应函数	能源利用排放有害气体，对人体健康及劳动力供给的影响

研究阶段	研究方法	研究关注点
WEF nexus 系统优化利用与管理	知识图谱	从已有的优化利用与管理措施中,提取出最佳措施
	多目标优化方法	系统综合效益最优
	博弈论	计算单元之间的利益博弈
	可计算一般均衡模型	调控系统至均衡状态

3.3.1　WEF nexus 系统自身分析主要方法

3.3.1.1　指标评价法

指标评价法主要用于对水-能源-粮食关联系统状态的评估,所用评价指标随研究时空尺度、侧重点不同而异,再采用专家打分法、层次分析法、熵权法等主客观方法对指标进行赋权,最后,采用逼近理想解排序法(TOPSIS)、模糊综合评价、人工神经网络等方法进行综合评价。

3.3.1.2　斯皮尔曼等级相关系数法

斯皮尔曼等级相关系数(Spearman)是分析两个变量之间相关性的一种经典方法,其具有以下优点:不需要变量之间的关系是线性,可以较好地识别非线性关系;不要求变量成比例变化;没有假设变量的频率分布,对变量分布类型无要求(Hauke et al.,2011;Spearman,1904)。Spearman 法的有效性和适用性已在水、能源和粮食部门的关系分析中得到验证(Kroll et al.,2019;Pradhan et al.,2017;Putra et al.,2020;Ronzon et al.,2020)。当两个变量之间的 Spearman 相关系数大于 0.6 时,被定义为协同(synergy)关系;当小于 −0.6 时,被定义为权衡(trade-off)关系;当值在 −0.6 ~ 0.6 之间时,视为未分类(unclassified),即没有明显关系(Pradhan et al.,2017;Putra et al.,2020)。

3.3.1.3　足迹和隐含资源法

足迹和隐含资源指在特定人类活动中资源消费和废弃物排放的强度或数量,是可持续发展领域的热点课题,典型足迹指标包括水足迹、能源足迹、碳足迹、生态足迹、氮足迹、化学足迹和生物多样性足迹(方恺,2015)。水足迹是指一定区域内所有产品和服务所需要消费的累计虚拟水含量,可通过自下而上的 LCA(生命周期)和自上而下的 IOA(投入产出)方法计算。灌溉过程中的提水耗能是粮食生产的隐含能源量,供水过程中的提水耗能是水资源供应的隐含能源量。足迹和隐含资源理论可用于量化水、能源、粮食三者之间的相互消耗关系。

3.3.1.4　复杂网络系统

复杂网络是一种研究复杂系统结构以及系统结构与系统功能之间关系的方法,主要基于图论的理论和方法。以水、能源、粮食子系统要素为节点,关联关系为边,可构建复杂网络,反映其关联关系。

3.3.1.5　系统动力学模型

系统动力学是分析多个子系统之间互馈关系的方法,非常适用于系统结构分析和关联关系量化,对于刻画 WEF nexus 系统具有很好的适用性,常用的系统动力学仿真软件为 Vensim 软件(李桂君 等,2016)。其构建基本思路为:确定系统的组成部分(子系统)及研究对象的时空边界;筛选与研究主题相关的子系统内变量;分析子系统内部变量之间、子系统变量之间和子系统之间的因果关系,绘制 WEF nexus 系统的因果关系流图;确定变量之间的关系方程,建立 WEF nexus 系统动力学模型;进行模型验证与仿真模拟。

3.3.1.6　多主体建模

多主体建模(Agent-Based Modeling,ABM)是研究自然与人类耦合系统等复杂适应性系统的工具,一般由主体、交互机制和环境三部分组成,是一种自下而上的模拟方法,通过将复杂系统分解为若干微观主体,根据微观主体的属性、行为规则和交互机制,实现对复杂系统的模拟(原世伟 等,2021)。主体是 ABM 中最基本的分析单位,其属性、状态和行为规则随时间和空间而变;交互机制包括主体之间和主体与环境之间的交互;环境为主体生存及其与其他主体交互提供必要的自然或社会环境(原世伟 等,2021)。多主体建模可形式化表达和模拟分析 WEF nexus 系统内部及其与外部环境的关系。

3.3.2　经济社会发展对 WEF nexus 系统的影响评估主要方法

3.3.2.1　弹性系数法

弹性系数是反映变量增长速度之间比例关系的指标。如需求的价格弹性指给定百分之一的价格变化,需求量变化的百分数。其衡量了一种物品的需求量对该物品价格变化作出反应的程度大小。需求的价格弹性的决定因素包括是否必需品、相似替代品的可获得性、市场的界定和时间范围。价格弹性范围包括以下几种:缺乏弹性的需求,即需求量的变化对价格变化的反应不强烈(需求价格弹性小于 1);富于弹性的需求,即需求量的变化对价格变化的反应强烈(需求价格弹性大于 1);完全无弹性的需求(弹性为 0);单位弹性的需求(弹性等于 1);完全弹性的需求(弹性无穷大)。

在经济社会发展对 WEF nexus 系统影响的分析中,以能源系统为例,能源消费弹性系数可反映能源消费增长速度与国民经济增长速度之间的比例关系,体现了经济增长对能源的需求强度,能源消费弹性系数为 0.01,表明 GDP 每增长 1%,能源消费总量将增长 0.01%。根据变量之间的不同,还包括电力消费弹性系数、谷物供应人口弹性系数、谷物供应 GDP 弹性系数等。

能源消费弹性系数计算公式为:

$$能源消费弹性系数 = \frac{能源消费总量增长速度}{地区生产总值增长速度} \tag{3-1}$$

3.3.2.2　经济社会发展-WEF 需求经验公式

通过收入水平与水资源需求量、能源需求量、粮食需求量之间的经验关系式,可以分析不同经济社会发展路径下的 WEF 需求。以水资源需求为例,经济社会发展要素与水资源需求的经验公式如下(Wada et al.,2016):

$$DWD_{cnt,y} = POP_{cnt,y} \times ED_{ev_{cnt,y}} \times TD_{ev_{cnt,y}} \times DWUI_{cnt,t0} \tag{3-2}$$

$$ED_{ev_{ent,t}} = average\left(\left(\frac{GDP_{pc,t}}{GDP_{pc,t0}}\right)^{0.5}, \left(\frac{EL_{pc,t}}{EL_{pc,t0}}\right)^{0.5}, \left(\frac{EN_{pc,t}}{EN_{pc,t0}}\right)^{0.5}, \left(\frac{HC_{pc,t}}{HC_{pc,t0}}\right)^{0.5}\right) \tag{3-3}$$

$$TD_{ev_{cnt}} = \frac{EN_{pc,t}/EL_{pc,t}}{EN_{pc,t0}/EL_{pc,t0}} \tag{3-4}$$

式中,DWD 是生活需水量,POP 是国家人口总数,DWUI 是生活用水强度,$DWUI_{cnt,t0}$ 是人均生活用水抽取量,$ED_{ev_{ent,t}}$ 是经济发展指标,TD_{ev} 是技术发展指标,GDP、EL、EN、HC 分别是国内生产总值、电力产量、能源消费量和家庭消费情况,pc 和 cnt 分别表示人均和国家,t 和 $t0$

分别表示计算年份和基准年。

3.3.2.3　投入产出模型

投入产出模型通过各行业部门之间的经济联系将经济活动中的各类生产者(投入)和消费(产出)关联起来,将一定区域内在一定统计周期内的各部门投入与产出关系进行排列,以矩阵形式表示,可得到投入产出表,通过行向平衡关系、列向平衡关系、直接消耗系数和完全消耗系数,可分析部门之间的消耗关系(解子琦 等,2020),包括单区域模型、区域间投入产出模型(interregional input-output model,简称 IRIO)、多区域投入产出模型(multi-region input-output model,简称 MRIO)。行向平衡关系表示其他部门对某部门的需求情况,中间需求＋最终需求－进口＝总产出(总产品);列向平衡表示各个部门所需的投入情况,中间投入＋最初投入＝总投入;直接消耗系数指一部门生产单位产品对其他部门产品的直接使用量;完全消耗系数为直接消耗系数和间接消耗系数之和。对于国家研究,可采用国家内各省区之间的投入产出表,全球研究可采用 World Input-Output Database(世界投入产出数据库,WIOD)发布的世界投入产出表。

投入产出分析一般结合数据包络分析方法,以资源使用量为投入指标,以产品和经济效益为产出指标,结合 CCR 模型和 BCC 模型计算综合效率值、纯技术效率值、规模效率值,分析系统投入产出效益,求解可采用 DEAP 软件(解子琦 等,2020;周露明 等,2020a)。综合技术效率＝纯技术效率×规模效率,纯技术效率反映制度、管理和技术因素影响下的效率,规模效率反映制度、管理和技术一定的条件下,规模因素影响的生产效率,是现有规模与最优规模之间的差异。

3.3.3　水文气象要素对 WEF nexus 系统的影响评估主要方法

3.3.3.1　统计学方法

降水、气温、蒸散发的历史数据与水资源量、粮食产量数据的统计关系分析。可针对作物产量,构建气候数据和作物产量之间的关系,反映气候要素对作物产量的影响规律。此外,还可以通过建立统计关系模型,预测未来气候情景下的作物产量,统计方法可以充分利用作物历史产量数据,适用于不同时空尺度的研究,是研究作物产量对气候变化响应规律最常用的方法之一(刘宪锋 等,2021)。

3.3.3.2　贝叶斯网络

贝叶斯网络(bayesian belief networks,BBNs)由 Pearl 于 1988 年提出,是一个由变量节点连接而构成的有向无环图,可在定性分析的基础上,用于量化研究变量之间的因果关系(王双成 等,2021)。节点包含三种信息:变量的离散或连续状态、变量状态对应的概率分布和条件概率表,有向连接线代表变量之间的因果关系(曾莉 等,2018)。变量及其因果关系可根据专家知识获得,条件概率表可通过先验知识或参数学习获得。贝叶斯网络模型已经在国家和流域尺度经济社会和气候变化对水资源、能源、粮食部门影响的分析中,得到了成功应用(施海洋 等,2020;Chai et al.,2020;Shi et al.,2020)。

贝叶斯网络模型结构的构建步骤如下:

(1)选定一组刻画问题的随机变量 $\{X_1, X_2, \cdots, X_n\}$;

(2)选定一个变量顺序 $\alpha = \langle X_1, X_2, \cdots, X_n \rangle$;

(3)从一个空图出发,按照顺序 α 逐个将变量加入 φ 中;

(4)在加入变量 X_i 时,φ 中的变量包括 $X_1, X_2, \cdots, X_{i-1}$。

模型结构确定以后,即可根据数据样本进行模型参数学习,确定条件概率表,概率大小反映节点与其父节点之间因果关系的强弱。根据数据完备性差异,模型参数学习方法包括完备数据集参数学习和不完备数据集参数学习,完备数据集常见方法有最大似然估计方法等(赵菲菲 等,2021),不完备数据集常见方法有 Monte-Carlo 方法、Gaussian 逼近、EM 算法等。

3.3.3.3　机理模型法

在水文气象领域,通过基于 Budyko 假设的水量平衡方法和基于水文模拟的方法,可以分析气候变化和人类活动对径流的影响(刘剑宇 等,2016)。在作物产量方面,结合田间试验数据,可以采用系统模型,模拟气候要素、土壤要素等对农作物生产的影响,如采用 APSIM(Agricultural Production Systems sIMulator)模型分析气象干旱对棉花产量的影响(徐杨 等,2022)。

3.3.4　WEF nexus 系统对生态环境与人体健康的影响评估主要方法

3.3.4.1　随机森林模型

随机森林是一种成熟的机器学习算法,正被越来越多地用于分析环境和淡水问题的关键影响因素识别。随机森林模型包括:(1)分类模型,用于分类数,实现对事物类型的划分;(2)回归模型,用于离散值,实现对原因的识别。可采用随机森林模型进行关联关系的分析,识别自变量对因变量影响的重要程度(Thorslund et al.,2021)。

3.3.4.2　水质评价

根据实测数据,结合区域特点和研究需要,选取水质指标,通过与标准限额对比,采用单指标分析或多指标综合的方法评价水、能源、粮食综合开发利用后的水质,分析其影响。对于农业为主的湿润区,重点关注总氮、总磷、氨氮等营养元素指标,对于农业为主的荒漠干旱区,重点关注水体盐度(表 3-2);对于化石能源开采、工业污染区,重点关注重金属、氯化物、硫酸盐、挥发酚类等指标;对于饮用水水源,还要特别关注总大肠菌群、耐热大肠菌群、大肠埃希氏菌、菌落总数等微生物类指标。

表 3-2　水体盐度分级分类利用标准

分类	盐度/(mg/L)	描述
淡水	<500	可用于灌溉和饮用
微咸水	500~1000	可用于大部分作物灌溉,对生态系统开始产生影响
咸水	1000~3000	适用于特定的作物,大多数牲畜可饮用
盐水	3000~10000	大多数牲畜可饮用
高盐水	10000~35000	含盐量很高,特定牲畜可饮用
卤水	>35000	仅部分采矿业和工业可用

3.3.4.3　空气污染与人群健康

在能源资源的消费中会直接(汽车燃油、火力发电等)或间接(生产化学工业制品)产生有害气体,引起呼吸道、肺癌等疾病。暴露-效应函数是揭露长期暴露在有害环境对人体健康影响的方法,暴露在含有高浓度有害物质的环境中,会引起一系列健康问题,包括致病、致死以及劳动时间损失。具有如下一般性公式(戴瀚程,2018):

$$R_{\mathrm{Rp,lat,lon,s,y,m,e,g}}(C) =$$

$$
\begin{cases}
1, & \text{当 } C_{\mathrm{p,lat,lon,s,y}} \leqslant C_{0\mathrm{p}} \\
1 + \mathrm{CRF}_{\mathrm{m,e,g}} \times (C_{\mathrm{p,lat,lon,s,y}} - C_{0\mathrm{p}}), & \text{致病影响线性方程,当 } C_{\mathrm{p,lat,lon,s,y}} > C_{0\mathrm{p}} \\
e^{\beta \times (C_{\mathrm{p,lat,lon,s,y}} - C_{0\mathrm{p}})}, & \text{致死影响线性方程,当 } C_{\mathrm{p,lat,lon,s,y}} > C_{0\mathrm{p}} \\
1 + \alpha \times e^{(-\gamma \times (C_{\mathrm{p,lat,lon,s,y}} - C_{0\mathrm{p}})^{\delta})}, & \text{致死影响 IER 方程,当 } C_{\mathrm{p,lat,lon,s,y}} > C_{0\mathrm{p}} \\
e^{\dfrac{\log\left(\frac{(C_{\mathrm{p,lat,lon,s,y}} - C_{0\mathrm{p}})}{\alpha} + 1\right)}{1 + e^{\frac{C_{\mathrm{p,lat,lon,s,y}} - C_{0\mathrm{p}} - \mu}{v}}}}, & \text{致死影响 GEMM 方程,当 } C_{\mathrm{p,lat,lon,s,y}} > C0_{p}
\end{cases}
\tag{3-5}
$$

$$E_{\mathrm{Pp,lat,lon,s,y,m,e,g}}(C) =$$

$$
\begin{cases}
P_{\mathrm{lat,lon,y,m}} \times (R_{\mathrm{Rp,lat,lon,s,y,m,e,g}}(C) - 1), & \text{线性致病方程} \\
P_{\mathrm{lat,lon,y,m}} \times \dfrac{R_{\mathrm{Rp,lat,lon,s,y,m,e,g}}(C) - 1}{R_{\mathrm{Rp,lat,lon,s,y,m,e,g}}(C)} \times I_{\mathrm{lat,lon,e}}, & \text{线性或非线性致死方程}
\end{cases}
\tag{3-6}
$$

式中,$R_{\mathrm{R}}(C)$:浓度为 C 的时候的相对风险(例/(人·年)或者天/(人·年));$\mathrm{CRF}_{\mathrm{m,e,g}}$:反应心肺健康的心肺运动测试参数;$E_{\mathrm{P}}$:健康结果(例/(人·年)或者天/(人·年));$C$:污染物浓度;$C_0$:产生健康影响的浓度阈值;$P$:人口;$I_{\mathrm{lat,lon,e}}$:疾病 e 的年均基准死亡率;β:慢性死亡率线性方程参数;α,γ,δ:慢性死亡率非线性方程参数;下标 p,lat,lon,r,s,y,m,e,g 分别代表污染物、纬度、经度、地区、情景、年份、健康问题分类、健康结果、取值范围(中、低和高)。

3.3.5 WEF nexus 系统优化利用与管理主要方法

3.3.5.1 知识图谱

知识图谱是由存储知识的实体和实体之间的关系构成的结构化网络,是一种知识库,有助于理解现实世界事物之间的关系。知识图谱可分为模式层(本体层)和实例层(数据层),本体层是知识概念体系及其属性、关系、规则等的形式化表达和规范化定义,实例层是表征知识实体、现象的具体实例,包括实体、实体属性(概念)和实体间关系(诸云强 等,2022),可用知识图谱反映水-能源-粮食关联系统要素的逻辑关系。基于知识图谱的推荐系统可根据一地区历史或其他相似地区的资源管理策略选择,进行水、能源、粮食综合管理方案的推荐,特别适用于资料稀缺地区。

3.3.5.2 多目标优化

多层规划是多层决策问题的数学模型,是一种具有多层优化递阶结构的系统优化问题,各层问题都有各自的目标函数和约束条件。双层规划是多层规划中应用较多的一种方法,上层问题的目标函数和约束条件不仅与上层决策变量有关,而且还依赖于下层问题的最优解,而下层问题的最优解又受上层决策变量影响(李东林 等,2020)。在水资源承载力与产业结构优化、水资源-经济社会-环境多目标配置、"水-粮食-生态"优化利用中得到了实证应用(Ma et al.,2020;Yu et al.,2020;张鑫 等,2019)。

多层规划模型一般形式如下

$$
\begin{cases}
\mathrm{Min} = F_1(x,y) & \text{约束条件为} \quad G_1(x,y) \leqslant 0 \\
\mathrm{Min} = F_2(x,y) & \text{约束条件为} \quad G_2(x,y) \leqslant 0 \\
\mathrm{Min} = F_3(x,y) & \text{约束条件为} \quad G_3(x,y) \leqslant 0 \\
\quad\quad\quad\cdots\cdots
\end{cases}
\tag{3-7}
$$

式中，$F_1(x,y)$、$F_2(x,y)$ 和 $F_3(x,y)$ 分别为上层、中层和下层的目标函数；$G_1(x,y)$、$G_2(x,y)$ 和 $G_3(x,y)$ 分别为上层、中层和下层的目标函数约束条件。

3.3.5.3　博弈论

博弈论主要研究两个或者两个以上利益相关的决策者进行决策时的策略选择问题，与优化理论的主要区别在于：优化理论研究的问题中，决策者进行决策时不会考虑该决策对其他决策者的影响，而博弈论研究的问题中，决策者进行决策时会考虑其他决策者对其的影响（刘佳等，2020）。

3.3.5.4　可计算一般均衡模型

一般均衡理论用于解决供给、需求和价格影响下经济系统的均衡问题，可计算一般均衡模型可用于一个均衡态的经济系统中，通过税收、能源、贸易、温室气体减排等措施，改变其中某些变量，待系统重新回归均衡态时，分析变量变化对整个系统的影响（项潇智，2020）。

3.4　考虑关联关系的分析思路与计算方法

3.4.1　水-能源-粮食关联系统安全综合分析方法

实现水资源安全、能源安全、粮食安全是提出 WEF 整体概念的主要背景和目标，为回应和解答这一紧迫且重要的问题。提出了水-能源-粮食关联系统安全综合分析框架，分为三个阶段：指标体系构建、安全水平计算、关联关系分析与安全模式识别。

第一阶段：构建 WEF nexus 系统安全评价指标体系。 资源的可利用量反映了人类可获得的资源数量，主要表示资源的丰富程度；自给率决定了可利用资源量是否能满足需求，主要体现供需管理水平；生产效益代表了资源利用产生的经济效益，主要反映了利用水平；可获得性表征用户是否能获得资源，主要反映了人类对资源的消费权利的平等性。以上资源安全的四个维度体现了资源利用的完整过程，从资源获取（可利用量）、供需关系（自给率）、利用水平（生产效益）到人类使用资源的权利平等性（可获得性）（Flammini et al.，2014；Lee et al.，2012；Nhamo et al.，2020；Taniguchi et al.，2017；Zarei，2020）。为了保证指标体系的广泛适用性，数据的可获得性也是确定指标体系的重要考虑因素。综上，结合已有研究（Nhamo et al.，2020；Taniguchi et al.，2017；Xu et al.，2020b），构建了 WEF nexus 系统安全评估指标体系（表 3-3 和表 3-4）。

第二阶段：确定指标分级标准，计算 WEF nexus 系统及水、能源、粮食三个子系统的安全水平。 根据已有研究（FAO，2018；Nhamo et al.，2020），综合考虑研究区的水、能源、粮食安全指标数据，确定 W1、W2、W3、W4、E1、E2、E3、F1 和 F3 指标的等级和标准；对于分级依据较少的指标（E4、F2 和 F4），根据分析地区的指标实际值，将时间序列数据的 2.5%、25%、50%、75% 和 97.5% 分位数分别作为Ⅰ、Ⅱ、Ⅲ、Ⅳ和Ⅴ级标准（Xu et al.，2020b）。最后，根据需要，采用不同的权重确定方法和指标综合评价方法，计算安全水平。

第三阶段：WEF nexus 系统内部关联关系分析与安全模式识别。 采用相关分析、因果分析等方法，分析 WEF nexus 系统的内部关系，根据 WEF nexus 系统与单一子系统、单一子系统与各指标安全水平的对比分析结果，考虑关联系统安全程度的主要影响指标和其所属子系统，以及其主要受自然还是经济社会因素影响决定，识别 WEF nexus 系统的安全模式。

表 3-3 水-能源-粮食关联系统安全评价指标

部门	指标	指标	属性	主要影响因素	单位(指标正负性)
水资源	W1	人均可用淡水资源量	可利用量	自然	m^3/人(+)
	W2	水资源压力	自给率	自然	%(-)
	W3	用水效率	生产效益	经济社会	美元/m^3(+)
	W4	使用安全管理的饮用水服务的人口比例	可获得性	经济社会	%(+)
能源	E1	人均初级能源产量	可利用量	自然	TJ/人(+)
	E2	一次能源的生产与消费比率	自给率	自然	%(+)
	E3	一次能源的能源强度水平	生产效益	经济社会	MJ/美元(-)
	E4	用电比例	可获得性	经济社会	%(+)
粮食	F1	人均食品供应量	可利用量	经济社会	kg/人(+)
	F2	谷物的生产与消费比率	自给率	自然	%(+)
	F3	粮食生产的平均价值	生产效益	经济社会	国际元/人(+)
	F4	平均膳食能量供应充足率	可获得性	经济社会	%(+)

注:"+"表示效益指标,"-"代表成本指标。效益指标意味着该指标的增加代表了更好的安全水平;成本指标意味着指标的增加代表了更差的安全水平。

表 3-4 水-能源-粮食关联系统安全指标的定义、合理性和局限性

指标	依据	定义	合理性	局限性
W1	可持续发展指标(Nhamo et al.,2020)。	人均可再生水资源量。	W1是衡量水资源可利用量的经典指标,反映了水资源和人口之间的关系。	非常规水也是水资源的一种,但由于数据难以获得,未予以考虑。
W2	SDG 6.4.2;WEF 安全指标(Putra et al.,2020)。	考虑环境流量后,抽取的淡水总量与可再生淡水资源总量的比值。	W2是一个综合考虑了人类和环境用水需求的水资源自给性指标。	由于输水损失等原因,实际取水量可能大于计算中采用的抽取的淡水资源总量。
W3	SDG 6.4.1。	每单位用水量的经济效益。	W3是在考虑农业、工业和服务部门的用水后,反映水资源生产效益的综合性指标。	由于不确定性较大,没有考虑用水造成的生态环境恶化的经济成本。
W4	SDG 6.1.1;WEF 安全指标(Putra et al.,2020)。	能够获得安全管理的饮用水服务的人口比例。	用水户可分为:家庭生活、农业和工业。其中,生活用水是保障人类生存的前提,在一定程度上反映了水资源的管理和供应情况。因此,可用W4来代表总体的水资源可获得性水平。	未考虑工农业用水的可获得性。
E1	资源安全指标(Nhamo et al.,2020)。	人均初级能源产量。	E1是一个考虑了不同类型能源的综合性指标,反映了总体的能源可利用量。	虽然能源理论上的可供应量会随着探明储量而变,但由于技术和成本因素,难以确定,未予以考虑。
E2	能源安全指标(Taniguchi et al.,2017)。	一次能源生产量与消费量的比值。	综合考虑了不同类型能源的自给性指标。	能源消耗量可能无法完全反映真实的能源需求。

指标	依据	定义	合理性	局限性
E3	SDG 7.3.1；WEF 安全（Putra et al.，2020）和可持续发展指标（Nhamo et al.，2020）。	生产单位经济效益所需要消耗的能源。	综合考虑了不同类型能源的生产效益指标。	由于不确定性较大，未考虑由能源使用引起的生态环境恶化的经济成本。
E4	SDG 7.1.1。	能够获得电力供应的人口比例。	电力由不同类型能源生产得到，如煤、天然气、石油、水能、风能和核能。因此，一定程度上，电力的可获得性代表了能源总体的可获得性。	供电保证率可能会影响实际的电力供应。
F1	粮食安全指标（FAOSTAT）。	人均粮食供应量。	F1 是一个综合性指标，考虑了各种类型的谷物，代表谷物的实际供应量。在一定程度上，反映了粮食的供给性。	为了提高适用性，重点关注谷物，未考虑动物产品等其他类型食物。
F2	粮食安全指标（Taniguchi et al.，2017）。	谷物生产量与消费量的比值。	谷物为人类生存提供必要的能量供应。因此，一定程度上，可以用谷物自给性表征粮食自给性。	谷物消费量可能无法完全反映真实的谷物需求。
F3	粮食安全指标（FAOSTAT）。	人均粮食生产值。	粮食与直接用于生产活动的水和能源不同，其通过为人类生存提供营养，保障劳动力供给，然后人类再创造价值。因此，人均粮食生产价值可以反映粮食供给的经济效益。	由于粮食生产造成的生态环境恶化的经济成本难以确定，此处未予以考虑。
F4	粮食安全指标（FAOSTAT）。	膳食能量供应（DES）占平均膳食能量需求（ADER）的百分比。	DES 与 ADER 的比值是基本膳食能量的可获得性，在一定程度上反映了食物的可获得性。	假定所有人平等地获得饮食能量供应，未能完全反映现实。

3.4.2 基于互相消耗关系的 WEF nexus 系统内部关联关系综合性评估指标

系统内部关联关系是研究的重点，也是难点。如前所述，目前主要方法有统计学方法（Putra et al.，2020）、足迹理论（郝帅 等，2021）、社会网络分析（Putra et al.，2020）、系统动力学模型（Naderi et al.，2021）等。这些方法提供了解析 nexus 的思路，可以用于评估"两两要素"之间的关系，但未能量化三者之间的整体关系状态，水-能源-粮食关联系统研究的关键前提在于，基于内部关系，提出综合性的关联关系评估与量化方法。

为此，参考足迹理论，本书根据水资源、能源、粮食的相互消耗关系，提出了水-能源-粮食关联关系强度（总量）的综合性指标。在消耗关系的计算中，可以进一步分为考虑贸易因素和不考虑贸易因素两种情况，即可实现经济社会要素变化对 WEF nexus 系统影响的分析。基本计算公式如下：

$$\text{WEF 关联关系综合性指标} = W_1 \times \text{水耗能} + W_2 \times \text{能耗水} + W_3 \times \text{粮耗水} +$$
$$W_4 \times \text{粮耗能} + W_5 \times \text{能耗粮} \tag{3-8}$$

式中，参数为研究对象的实际利用数据（强度或总量），使用前需对原始数据进行归一化处理，具体而言,"水耗能"指水资源提取、处理与供给等过程消耗的能源,"能耗水"指能源开采、发电过程等消耗的水资源,"粮耗水"指农业生产,一般指作物生长所需的灌溉水资源,"粮耗能"指农业生产过程中消耗的能源资源量,"能耗粮"指生物质能所需消耗的粮食作物量;W_1、W_2、W_3、W_4、W_5 指相应参数的权重。

3.4.3　气候变化和人类活动对 WEF nexus 系统的影响分析思路

目前,外部因素对 WEF nexus 系统影响的研究方法,未能较好地体现出外部因素对关联关系及其变化的作用。为推动相关研究,在气候变化和人类活动对水、能源、粮食单一系统的影响方面,可以借鉴经典成熟的理论与方法,如使用弹性系数法定量解析气候变化和人类活动对水资源供给的影响,使用径流时间变异性分析水电资源开发利用潜力的变化,通过分析极端气候事件、气候变化和技术进步对作物生长发育过程的影响,分析其对粮食供给的影响。在气候变化和人类活动对 WEF nexus 系统的影响方面,可在二者对单一系统影响分析的基础上,进一步分析二者对关联性指标的影响,如降水、气温、蒸散、灌溉方式和技术变化对作物需水量(水与粮食关系)的影响,能源开采、发电技术转变对能源部门耗水量(水与能源关系)的影响。

针对当前研究对关联关系考虑不足的现状,本书提出整体思维与分析思维相结合和定性定量分析相结合的研究思路。

首先,采用弹性系数法、相关系数法、敏感性系数法等经典方法,分别分析气候变化和经济社会发展对水资源、能源、粮食子系统的影响;其次,根据对研究地区水-能源-粮食关联的经验知识、专家分析等定性认识,筛选三者相互消耗关系的计算重点,并搜集或估算单一指标的数据;最后,计算水-能源-粮食关联关系的综合性指标,结合气候变化和经济社会发展对单一子系统影响的分析结果,综合研究气候变化和人类活动驱动背景下的水-能源-粮食关联关系演变规律。

3.4.4　WEF nexus 系统外部性影响的量化分析方法

目前,WEF nexus 系统的综合效益和其对外部环境影响的研究相对缺乏,研究对象不够具体,且未能充分考虑关联关系的作用,需要结合已有的单一水资源、能源、粮食系统对外部影响的研究成果,加强 WEF nexus 系统对经济社会、人体健康、淡水与陆地生态系统、大气、土壤等可持续发展目标的影响机理研究。如,分析 WEF nexus 系统综合开发利用下,产生的经济效益,水量和水质的变化规律、能源和粮食的安全状况,及其对生态系统、土地资源、区域稳定的影响等。

水资源利用效益的评估指标有单位 GDP 产值耗水量,能源利用效益的评估指标有单位 GDP 产值耗能量,粮食作为商品和保障劳动力生存所需的必需品,也可以视为一种能够产出经济效益的资源。然而,当前有关 WEF 综合效益的理论方法和实践应用研究均非常缺乏。能值分析方法可以实现对自然系统与经济社会系统的综合分析,解决不同类别要素之间难以比较、计算的问题,统一衡量自然与人文系统的产品与服务价值,已经在可持续发展评价领域得到了成功应用(李海涛 等,2020),可考虑用于 WEF 综合效益的评估。为此,本研究提出如下计算公式:

$$基于能值理论的 WEF 综合效益 = \frac{水的能值量＋能源的能值量＋粮食的能值量－能值重复计算量}{研究区内的生产总值}$$

(3-9)

公式可用于评估 WEF nexus 系统状态,对比不同地区 WEF nexus 系统产出效益差异。

水资源冲突、能源掠夺、粮食危机等是引发区域冲突,甚至战争的重要原因,资源冲突的起因一般是资源不足或分配不合理,资源缺口在一定程度上可以反映冲突的可能性与严重程度,针对跨界河流水、能源、粮食的利用与管理,本书提出基于关联关系的量化区域冲突可能性的公式:

$$\begin{aligned}
&基于水-能源-粮食关联关系的区域冲突指数\\
&=W_1 \times 水部门能源缺口+W_2 \times 能源部门水缺口+\\
&W_3 \times 粮食部门水缺口+W_4 \times 粮食部门能源缺口
\end{aligned} \tag{3-10}$$

式中,缺口为研究对象的实际利用数据与理论数据(国际先进水平、理论需求等)的差值,使用前需对原始数据进行归一化处理;W_1、W_2、W_3、W_4 指相应参数的权重。该公式可用于量化不同关联关系下区域冲突的可能性。

3.4.5 “自然-社会-贸易”三元水循环下的 WEF nexus 系统研究思路

WEF nexus 系统的核心要素在于水,水资源系统的核心特征在于循环流动,包括自然水循环、社会水循环、贸易水循环(邓铭江 等,2020)。自然水循环是在气候、地形地貌等条件的驱动下形成的;社会水循环是指在人类活动影响下,水资源在取水、输水、供水、用水与排水等环节进行的循环流动(王浩 等,2016);相对于自然和社会水循环中的实体水循环,贸易水循环是指由于区域之间产品和服务贸易活动中隐含的虚拟水,而引起的水资源流动。

通过工学、理学、经济学等的融合,从水循环的角度,根据水资源在农业与能源生产、经济活动中的流动规律,提出基于“自然-社会-贸易”三元水循环(邓铭江 等,2020)的 WEF nexus 系统研究思路(图 3-3),适用于城市、流域、国家、区域等大尺度。在自然水循环过程中,加入气

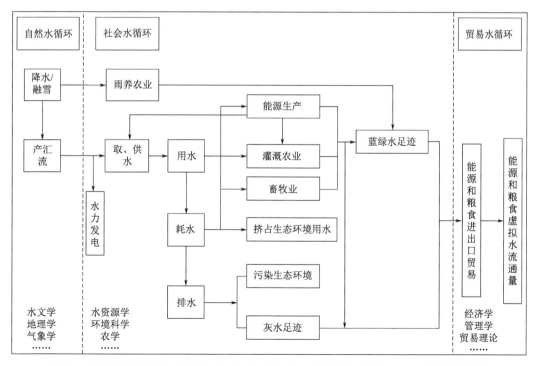

图 3-3　基于多学科融合的“自然-社会-贸易”三元水循环下的 WEF nexus 系统研究思路

候变化驱动,在社会水循环过程中,加入人类活动影响,可以实现 WEF nexus 系统变化的驱动机制分析;在三元水循环作用下,分析 WEF nexus 系统所能承载的人口和 GDP,及其对生态环境的影响等,可以实现对 WEF nexus 系统外部性效应的研究。

3.5　本章小结

本章论证了钱学森"综合集成研讨厅体系"在水-能源-粮食关联系统研究中的可行性和适用性,阐述了综合集成法用于分析 WEF nexus 系统的基本思路,是对综合集成法的一次实践应用探索。这种"定性定量相结合、人机交互、以人为主"的方法论思想,在对缺资料地区开展水-能源-粮食关联系统研究时,可以在最大限度利用已有资料的基础上,充分借鉴学科知识,发挥人脑系统的思维功能,具有较好的适用性和有效性。

在分析方法方面,针对水-能源-粮食关联系统综合安全状态和关联关系评估的问题,建立了 WEF nexus 系统安全评价指标体系,提出了系统安全分析及关联关系评价的集成框架;针对关联关系综合评价指标的问题,基于水-能源、水-粮食、能源-粮食的两两消耗关系,提出了水-能源-粮食关联关系的强度(总量)综合分析指标及计算公式;针对气候变化和人类活动的驱动机制问题,提出了整体思维与分析思维相结合和定性定量分析相结合的研究思路;针对关联系统的外部性效益研究,采用能值理论,提出了 WEF nexus 系统综合效益评价指标及量化公式;针对关联系统的外部性影响问题,提出了基于水-能源-粮食关联关系的区域冲突指数及计算公式;针对综合集成研究的问题,采用多学科融合的思路,提出了"自然-社会-贸易"三元水循环下的"水-能源-粮食"关联系统研究思路。

第4章 中亚地区水、能源和粮食概况及数据来源

4.1 中亚地区水、能源和粮食概况

4.1.1 中亚五国概况

中亚五国一般指哈萨克斯坦、吉尔吉斯斯坦、塔吉克斯坦、土库曼斯坦和乌兹别克斯坦,总面积约为 400 万 km²。五国中,乌兹别克斯坦的人口最多,为 3360 万,其后,依次为哈萨克斯坦(1850 万)、塔吉克斯坦(930 万)、吉尔吉斯斯坦(650 万)和土库曼斯坦(590 万)。中亚地区属于典型的大陆性气候,2000—2019 年期间,年平均降水量约为 257.66 mm,平均气温约为 9.0℃,年平均蒸发量约为 219.84 mm(The Central Asia Climate Information Portal,2021),境内有锡尔河和阿姆河两大河流,汇入咸海,构成了中亚最为重要的咸海流域。

4.1.1.1 水资源

根据世界银行数据库的统计数据,哈萨克斯坦、吉尔吉斯斯坦、塔吉克斯坦、土库曼斯坦和乌兹别克斯坦可再生内陆淡水资源总量分别为 643.5 亿 m³、489.3 亿 m³、634.6 亿 m³、14.1 亿 m³ 和 163.4 亿 m³,人均可再生内陆淡水资源量分别为 3722 m³、8385 m³、7689 m³、257 m³ 和 531 m³。流入咸海水量的 25.1% 来自吉尔吉斯斯坦,43.4% 来自塔吉克斯坦,9.6% 来自乌兹别克斯坦,2.1% 来自哈萨克斯坦,1.2% 来自土库曼斯坦,18.6% 来自阿富汗和伊朗。但吉尔吉斯斯坦从锡尔河和阿姆河取水量不超过总水量的 0.8%,塔吉克斯坦和哈萨克斯坦分别占 13.05% 和 11.07%,土库曼斯坦和乌兹别克斯坦分别占 22.87% 和 39.3%(Kuzmina,2018)。从水资源利用量来看(表 4-1),1997—2018 年,哈萨克斯坦、吉尔吉斯斯坦、塔吉克斯坦年度淡水资源抽取量占可再生内陆淡水资源总量的比例呈现下降趋势,土库曼斯坦和乌兹别克斯坦呈现上升趋势;由于土库曼斯坦和乌兹别克斯坦本地水资源极端缺乏,年度淡水资源抽取量占可再生内陆淡水资源总量的比例均超过了 300%,土库曼斯坦更是超过了 1500%,两国水资源利用严重依赖于上游下泄的径流量。

表 4-1 1997—2018 年中亚五国淡水资源抽取量占可再生内陆淡水资源总量的百分比

国别	1997 年	2002 年	2007 年	2012 年	2017 年	2018 年
哈萨克斯坦	41.97%	34.59%	35.45%	33.24%	34.89%	36.58%
吉尔吉斯斯坦	20.30%	18.98%	15.75%	15.75%	15.75%	15.75%
塔吉克斯坦	18.77%	18.81%	17.51%	16.83%	12.59%	15.40%
土库曼斯坦	1726.87%	1850.70%	1983.27%	1983.27%	1983.27%	1983.27%
乌兹别克斯坦	327.85%	321.88%	302.62%	307.04%	360.47%	360.49%

4.1.1.2 能源

根据世界资源研究所发布的全球发电厂数据库(https://datasets.wri.org/dataset/globalpowerplantdatabase),统计了中亚五国不同类型发电厂的数量和装机容量(表 4-2)。中亚地区化石能源和水能资源丰富,区域内上游国家塔吉克斯坦和吉尔吉斯斯坦以水力发电为主,下游国家哈萨克斯坦和土库曼斯坦以化石能源发电为主,乌兹别克斯坦发电类型最为丰富,以天然气发电为主,其次为煤炭和水电,还有少量石油和太阳能发电。

表 4-2　中亚五国不同类型发电厂的数量和装机容量

国别	数量/座					装机容量/MW				
	煤炭	天然气	石油	水电	太阳能	煤炭	天然气	石油	水电	太阳能
哈萨克斯坦	22	2		4	5	15868	400		2090	270
吉尔吉斯斯坦	1		1	6		674		50	2910	
塔吉克斯坦			2	8				610	4686	
乌兹别克斯坦	2	6	1	6	1	2522	8578	300	1140	100
土库曼斯坦		5	2				1179	2275		
合计	25	13	6	24	6	19064	10157	3235	10826	370

从化石能源储量来看,哈萨克斯坦、土库曼斯坦和乌兹别克斯坦的石油总储量分别为 3.9 亿 t、0.1 亿 t 和 0.1 亿 t;哈萨克斯坦、土库曼斯坦和乌兹别克斯坦的天然气总探明储量分别为 93.7 万亿 ft³、688.1 万亿 ft³ 和 42.7 万亿 ft³;哈萨克斯坦和乌兹别克斯坦的煤炭总探明储量分别为 256.05 亿 t 和 13.75 亿 t(Looney,2020)。中亚五国不同类型能源的生产和消费占比如图 4-1 所示。

4.1.1.3 粮食

中亚五国中,哈萨克斯坦和乌兹别克斯坦是农业大国,哈萨克斯坦谷物耕地面积远大于其他四个国家,乌兹别克斯坦每公顷的谷物产量明显大于其他四国(图 4-2(彩))。受益于国土面积和可耕地面积大,哈萨克斯坦谷物生产具有良好的土地资源条件,但哈萨克斯坦雨养农业占比高,化肥和农药使用量低,属于低投入农业,因此,单位面积的产量较低。此外,农业是中亚最大的用水户,乌兹别克斯坦和哈萨克斯坦农业消耗的虚拟水最多,2011—2015 年,乌兹别克斯坦灌溉取水量约占总取水量的 91%(Kuzmina,2018),1992—2016 年,中亚农产品虚拟水的年均净出口量约为 90 亿 m³,哈萨克斯坦所占份额最大(90%),虚拟水贸易的主要作物是谷物、饲料和棉花(Yan et al.,2020)。过去几十年,由作物贸易引起的虚拟水净流出也是加剧中亚地区水资源短缺形势的重要原因(Lee et al.,2018;Porkka et al.,2012)。

4.1.2　阿姆河流域概况

4.1.2.1　水文气象

阿姆河是中亚地区典型的内陆河,发源于天山和帕米尔—阿莱山,右岸主要支流有瓦赫什(Vahsh)河、卡菲尔尼甘(Kafirnigan)河、苏尔汉(Surkhandarya)河、谢拉巴德(Sherabad)河和泽拉夫尚(Zeravshan)河(未直接流入阿姆河);左岸支流主要有喷赤(Piandj)河和昆杜兹(Kunduz)河。瓦赫什河和喷赤河在塔吉克斯坦汇合后,称为阿姆河,河流总长度为 1415 km(不包括 Piandj 河)(图 4-3(彩))。2000—2018 年,阿姆河的年平均径流量约为 78.77 km³(OECD,2020),5% 和 95% 频率对应的径流量分别为 102 km³ 和 55.1 km³。阿姆河流域流量

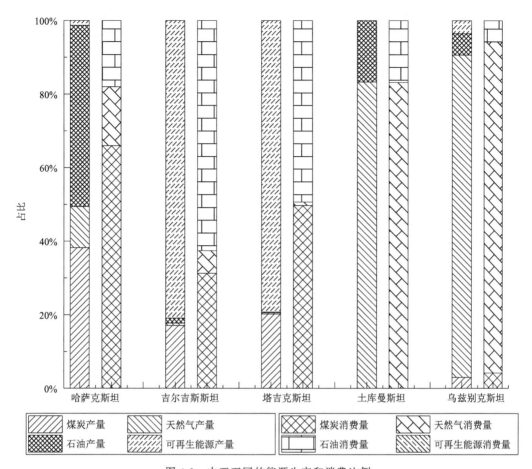

图 4-1　中亚五国的能源生产和消费比例

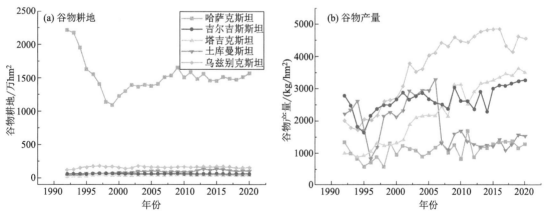

图 4-2(彩)　1992—2020 年中亚五国谷物耕地面积与产量

年内分布差异大(图 4-4),4—9 月径流量约占年径流的 77%～80%,而 12 月—次年 2 月径流仅占 10%～13%。阿姆河流域属于温带大陆性干旱气候,冬季寒冷,夏季炎热,降水量空间分布差异大,上游地区的年平均降水量大于 1000 mm,但下游沙漠草原地区仅为 100～300 mm,如花剌子模州约为 95 mm(Lobanova et al.,2019;Wang et al.,2016)。1960—2017 年期间,阿姆河流域的整体降水量呈上升趋势（2.90 mm/10a），流域西南部的降水量呈下降趋势（−10.16 mm/10a），流域气温和潜在蒸散量呈上升趋势，上升速率分别为 0.30 ℃/10a 和 11.30 mm/10a（Hu et al.，2021）。在气候变化和农业灌溉取水等人类活动的共同作用下，阿姆河流域的径流量出现下降，如上游的 Termez 站和三角洲地区的 Kiziljar 站径流量的年平均下降速率分别为−0.52 mm/a 和−0.97 mm/a。

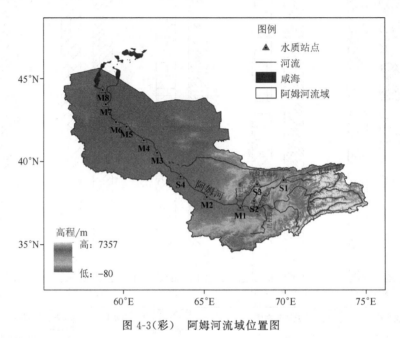

图 4-3（彩）　阿姆河流域位置图

注：阿姆河流域边界下载自 https://data.tpdc.ac.cn/zh-hans/data/34060a43-f30e-4b06-8265-025c8b6aae99/（Ran et al.，2020），
　　站点信息详见附录；咸海边界下载自 https://www.scidb.cn/en/detail? dataSetId=633694461347495940（Sun，2019）

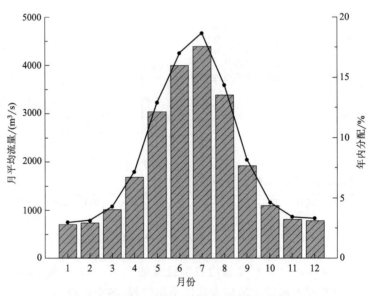

图 4-4　1990—2010 年阿姆河月平均流量

点线图：月平均流量，柱状图：年内分配

4.1.2.2　经济社会

根据阿姆河流域内不同国家的面积及其占流域总面积、占国家面积的比例(表 4-3)(FAO,2012),可以看出,塔吉克斯坦、土库曼斯坦和乌兹别克斯坦是阿姆河流域境内最重要的三个国家,因此,本书针对阿姆河流域的研究主要围绕塔吉克斯坦、土库曼斯坦、乌兹别克斯坦。这三个国家均有 73% 以上的国土面积直接属于阿姆河流域,还有部分国土面积虽然从流域产汇流的角度,不属于阿姆河流域,但在水资源利用方面,与阿姆河流域紧密相连,因此,本书研究过程中,有关人口、GDP、生活需水量等数据,采用国家尺度数据用于流域研究,一方面,是因为流域尺度数据难以获取,另一方面,也是由该区域流域研究和国家研究紧密相连的特色所决定的。

表 4-3　阿姆河流域在不同国家的面积

流域面积/ km²	涉及国家	流域内国家面积/ km²	占流域面积比例/ %	占国家面积比例/ %
	阿富汗	166000	16.2	25.4
	吉尔吉斯斯坦	7800	0.8	3.9
1023610	塔吉克斯坦	125450	12.3	88.0
	土库曼斯坦	359730	35.1	73.7
	乌兹别克斯坦	364630	35.6	81.5

阿姆河流域沿线三个主要国家塔吉克斯坦、土库曼斯坦、乌兹别克斯坦中,乌兹别克斯坦总人口最多,1991—2019 年,乌兹别克斯坦总人口平均值分别是塔吉克斯坦和土库曼斯坦的 3.84 倍和 5.53 倍,是两国之和的 2.27 倍。1991—2019 年,塔吉克斯坦城镇人口占比先快速下降,2000 年达到最低值 26.50%,而后保持稳定一段时间后,缓慢上升;乌兹别克斯坦城镇人口占比先快速上升,2011 年达到最高值 51.15%,其后,缓慢下降;土库曼斯坦城镇人口占比在苏联解体前期,略有下降,1994 年达到最低值 44.73%,其后呈增加趋势,2019 年达到 52.05%。阿姆河流域城镇人口占比变化趋势和乌兹别克斯坦类似。具体变化如图 4-5 所示。

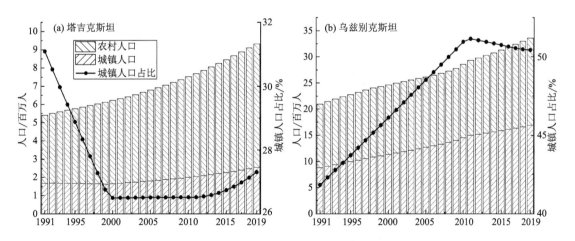

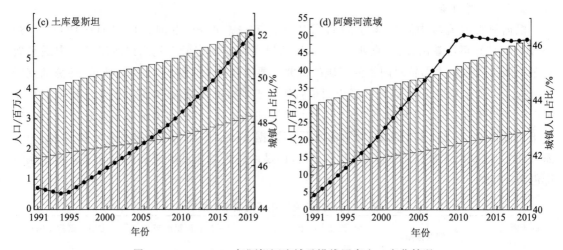

图 4-5　1991—2019 年阿姆河流域及沿线国家人口变化情况

作为农业大国,乌兹别克斯坦是三个国家中 GDP 总量最高的,1991—2019 年,GDP 年平均总量分别是塔吉克斯坦和土库曼斯坦的 9 倍和 3 倍,作为能源出口大国,土库曼斯坦人均 GDP 最高,1991—2019 年,人均 GDP 分别是塔吉克斯坦和乌兹别克斯坦的 5 倍和 2 倍。具体变化如图 4-6 所示。三个国家 GDP 总量和人均 GDP 的变化趋势基本一致,说明人口增加和经济发展同步性较好。苏联解体前期,塔吉克斯坦、乌兹别克斯坦、土库曼斯坦 GDP 总量和人均 GDP 出现了缓慢下降趋势,进入 21 世纪后,开始转为上升趋势,在 2014 年左右达到最大值,略有下降后又继续回升。1991—2019 年,塔吉克斯坦第三产业 GDP 占比呈现波动上升的趋势,乌兹别克斯坦先上升,后波动性下降,土库曼斯坦从 1993 年开始,先波动上升,后波动下降。从平均值情况来看,塔吉克斯坦三产占比从高到低依次为:服务业、工业、农业,乌兹别克斯坦依次为:服务业、农业、工业,土库曼斯坦依次为:工业、服务业、农业。

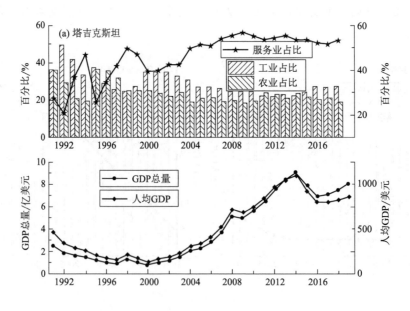

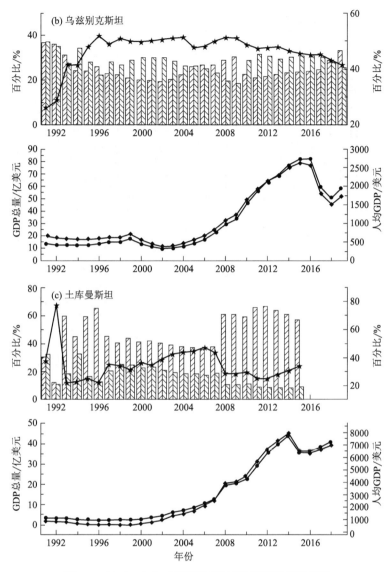

图 4-6　1991—2019 年阿姆河流域沿线国家经济情况

4.1.2.3　水资源利用

根据 CAWater Info(http://www.cawater-info.net/index_e.htm)网站资料,从 1990 年到 2010 年,虽然灌溉用水占比逐渐下降,但灌溉用水始终是阿姆河流域及沿线三个国家最大的用水户,特别是乌兹别克斯坦和土库曼斯坦,灌溉用水占比始终在 85% 以上(图 4-7)。根据灌溉分区情况,从上游到下游,涉及三个国家的省级行政区如表 4-4 所示。

4.1.2.4　水利水电设施

根据 CAWater Info 网站的数据,阿姆河流域建有水库约 63 座,2010 年总库容约 342.46 亿 m³,可用库容约 233.20 亿 m³(图 4-8)。其中塔吉克斯坦境内约 12 座,2010 年总库容约 252.87 亿 m³,可用库容约 139.70 亿 m³;乌兹别克斯坦境内约 32 座,2010 年总库容约 153.64 亿 m³,可用库容约 115.88 亿 m³;土库曼斯坦内约 19 座,2010 年总库容约 79.60 亿 m³,可用库容约 70.06 亿 m³。

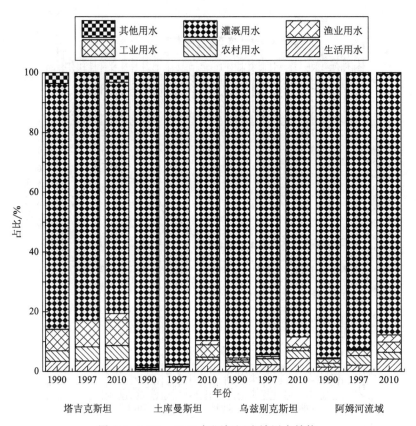

图 4-7 1990—2010 年阿姆河流域用水结构

表 4-4 阿姆河流域涉及的主要农业取水国及其省级行政区

分区	涉及国家及行政区	面积/km²
上游	塔吉克斯坦：RPP 省、Khatlon 省、Sogd 省 乌兹别克斯坦：Surkhandarya 省	140336
中游	乌兹别克斯坦：Bukhara 省、Navoi 省、Qashkadarya 省、Samarkand 省 土库曼斯坦：Lebap 省、Ahal 省、Mary 省	474888
下游	乌兹别克斯坦：Karakalpakstan 共和国、Khorezm 省 土库曼斯坦：Dashhovuz 省	246470

塔吉克斯坦境内水库以发电为主，兼顾灌溉和供水，乌兹别克斯坦和土库曼斯坦境内水库以灌溉目的为主（表 4-5）。从 1980—2009 年，塔吉克斯坦人均库容量显著增加，土库曼斯坦和乌兹别克斯坦人均库容呈现下降趋势。阿姆河流域内，塔吉克斯坦运营中水电站共 9 座，建设中水电站 2 座，设计中水电站 18 座，塔吉克斯坦水电站主要建设在 Vakhsh 河（瓦赫什河），乌兹别克斯坦有 3 座水电站处于运营中。三个国家中，塔吉克斯坦是能源问题最为严重的国家，其国内供电主要靠水力发电，其电力需求最大的部门为工业企业（48.38%），其次为居民用电（28.92%），再次是灌溉系统水泵站用电（19.60%），其他需求占 3.10%。塔吉克斯坦供电保障率较低，因供电问题，每年导致农作物减产 30%，约 850 家中小型企业停工（但杨 等，2021）。

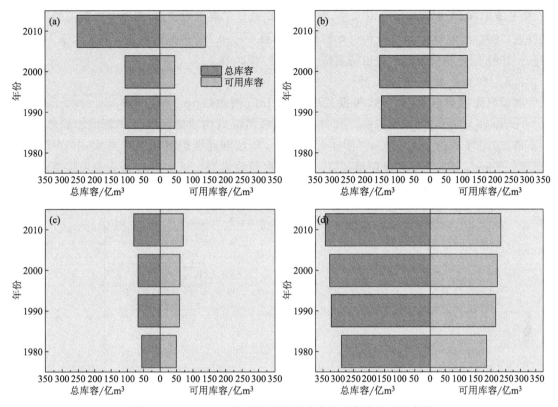

图 4-8　1980—2010 年阿姆河流域内水库总库容和可用库容

(a) 塔吉克斯坦；(b) 乌兹别克斯坦；(c) 土库曼斯坦；(d) 阿姆河流域

表 4-5　阿姆河流域内水库数量和人均库容

国家	水库数量/座				人均库容/10^3 m³			
	总量	发电功能	灌溉功能	供水功能	1980 年	1990 年	2000 年	2009 年
塔吉克斯坦	12	9	7	1	1.508	1.135	1.072	2.608
乌兹别克斯坦	32	2	32	1	1.361	1.143	0.982	0.868
土库曼斯坦	19		19	1	1.929	1.795	1.425	1.371

目前,阿姆河上运行影响较大的水电站主要有 2 个,一是,1972 年投入运行,位于上游塔吉克斯坦境内瓦赫什河上的 Nurek(努列克)水电站,设计库容 105 亿 m³、水电装机 301.5 万 kW、设计年发电量 11400 MkW·h,多年平均发电量为 10775.7 MkW·h,年平均使用功率小时数为 3652 h,实际消耗比率为 1.64~2.12 m³/kW·h(但杨 等,2021);二是,1980 年投入运行,位于下游乌兹别克斯坦境内阿姆河上的季调节水电站 Tuyamuyun(图亚木云),设计水库库容 78 亿 m³、水电装机 15 万 kW。此外,始建于苏联时期,位于努列克水电站上游 70 km 处,目前,塔吉克斯坦正致力于重建的多年调节工程 Rogun(罗贡)大坝,设计库容 133 亿 m³、水电装机 360 万 kW,建成后也将对阿姆河流域水文情势、水资源开发利用模式产生重大影响。

苏联解体前后,阿姆河上下游国家关系变化,水电站运行方式也发生明显改变,体现了经济社会变化对水电运行的影响。苏联解体前,生长季期间,水库下泄水量优先保证下游灌溉农业需水,1980—1991 年,努列克水电站 5—9 月的月平均截留水量均低于 10^8 m³;而苏联解体后,生长季期间,为提前预留发电水量,塔吉克斯坦截留了更多水资源,用于冬季低流时期的泄流发电,1992—2016 年,从 4 月份开始截留水量,且 6 月和 7 月的截留水量均明显大于 10^8 m³;1980—1991 年冬季的下泄水量也明显低于 1992—2016 年。

4.1.2.5　农业方面

阿姆河流域灌溉农业发达,根据 CAWater Info 网站(http://cawater-info. net/amudarya/watermanage_e. htm)的数据,1960—2010 年,阿姆河流域内灌溉面积呈显著增加趋势,增加近 2 倍,2010 年约为 480 万 hm²(图 4-9)。其中,乌兹别克斯坦灌溉面积最大,2010 年达到242. 28 万 hm²,其次为土库曼斯坦,2010 年灌溉面积约为 186. 9 万 hm²,塔吉克斯坦灌溉面积最小,1960—1980 年,略有增长,其后,基本在 45 万 hm² 上下波动。

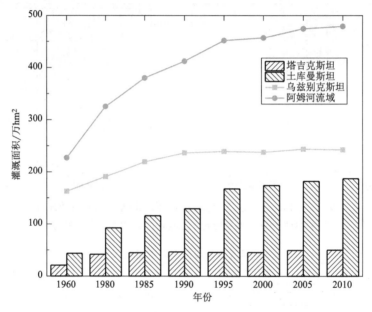

图 4-9　1960—2010 年阿姆河流域内灌溉面积变化情况

4.2　数据来源

4.2.1　中亚五国水-能源-粮食关联系统安全分析数据

从多种公开数据库,搜集了中亚五国 2000—2014 年的 WEF nexus 系统安全指标的时间序列数据。W2、W3、W4、E3 和 E4 来自 SDGs 官方数据库(https://unstats. un. org/sdgs/indicators/database/),F1、F3、F4、谷物产量和国内供应量来自 FAOSTAT 数据库(http://www. fao. org/faostat/en/♯home),可用淡水资源总量和人口总数来自世界银行数据库(https://data. worldbank. org/indicator),一次能源的生产和消费数据来自美国能源署 EIA 网站(https://www. eia. gov/)。W1 通过可用淡水资源总量除以人口总数计算得到,E1 通过一次能源生产量除以人口总数计算得到,E2 等于一次能源生产量除以一次能源消耗量,F2 等于谷物产量除以实际供应量。需要说明的是,指标 F3 和 F4 的数据是连续 3 a 的平均值数据,例如,2000 年的平均膳食能量供应充足率(F4)是 2000—2002 年期间的平均值(http://www.

fao. org/faostat/en/♯home)。

4.2.2　阿姆河流域气候-经济社会-水-能源-粮食关联关系分析数据

降水和气温数据来源于 CRU 数据集,站点径流量数据来源为 CAWater Info 数据网站 (http://www. cawater-info. net/amudarya/i/nurek_6_e. gif)。作物产量原始数据来自 WUEMo-CA(http://wuemoca. net/app/♯);NDVI 数据来自 MOD13A1,空间分辨率为 500 m,时间分辨率为 16 d;蒸散(ET 和 PET)数据来自 MOD16A2,空间分辨率为 500 m,时间分辨率为 8 d。基于 Google Earth Engine(GEE)合成并下载 2001—2018 年逐月的 NDVI 和 ET/PET 数据。耗电量(千瓦时)和能源使用量(千克石油当量)数据来源于世界银行数据库;实际谷物供应量来源于 FAOSTAT 数据库。

不同作物的亩均能源消耗量来自 Rosa 等(2021),耕地面积来自 WUEMoCA(http://wuemoca. net/app/♯)。单位供水的能源消耗量来自 Wakeel 等(2016),人均用水定额引自刘爽等(2021),城镇和农村人口数量来自世界银行数据库。单位化石能源开采耗水量来自 Holland 等(2015),化石能源生产量来自美国能源署(EIA,https://www. eia. gov/),单位化石能源发电耗水量来自 Qin 等(2019),单位水力发电量的耗水量来自 Scherer 等(2016),发电量来自世界银行数据库。灌溉引水量数据来自 CAWater Info 网站。

4.2.3　阿姆河流域水-能源-粮食关联系统对生态环境影响的分析数据

1970—2002 年的月尺度流量和水化学数据来自乌兹别克斯坦共和国水文气象服务中心 (Uzhydromet;https://www. unccd. int/resources/knowledge-sharing-system/centre-hydrometeorological-service)和中亚灌溉科学研究所(SANIIRI;https://ccafs. cgiar. org/partner/central-asian-scientific-research-institute-irrigation),其中,河水的盐度是根据主要阳离子和阴离子的组成之和来计算的,以上数据由中亚合作专家提供,数据详细情况见附录。站点年平均盐度数据、年平均径流量数据和流域平均氮肥磷肥使用量数据来自相关文献(热依莎·吉力力,2019;Lobanova et al. ,2019;Lu et al. ,2016)。阿姆河流域中下游地区的农业取水量、灌溉水回流量、回流水盐度、灌溉面积、上游水电站的截留水量数据来自 CAWater Info 网站(http://www. cawater-info. net/water_quality_in_ca/amu_e. htm)。

第5章 中亚五国水-能源-粮食 关联系统安全分析

水、能源、粮食安全是可持续发展目标的重要组成部分,安全状态评估和影响因素识别是保障区域可持续发展的重要基础。在第3章3.4.1节有关WEF nexus系统安全分析思路的基础上,使用资源的可利用量、自给率、生产效益和可获得性四个维度的安全评价指标体系(表3-3),本章提出了基于E-TOPSIS模型和斯皮尔曼等级(Spearman rank)相关系数的WEF nexus系统安全综合分析框架,采用多目标决策分析方法中的TOPSIS模型计算WEF nexus系统安全及三个子系统安全水平,采用斯皮尔曼等级相关系数解析水-能源、水-粮食、能源-粮食之间的协同与权衡关系。以中亚地区为例,评估了中亚五国WEF nexus系统安全和子系统安全水平变化规律,结合关联关系分析结果,识别了影响中亚五国WEF安全的主要因素,划分了中亚五国WEF安全类型。本章围绕WEF nexus系统总体状态和关联关系这一研究主题,开展了实践应用工作,既是对前述理论方法研究的细化和验证,也实现了对中亚地区水-能源-粮食关联系统的基本认识,为中亚后续分析工作和其他地区开展类似工作奠定了基础,提供了参考。

5.1 基于E-TOPSIS模型和Spearman相关系数的WEF nexus系统安全分析方法

5.1.1 水-能源-粮食关联系统安全综合分析框架

根据3.4.1节提出的水-能源-粮食关联系统安全分析思路和评价指标体系(表3-3),采用逼近理想解排序法TOPSIS(Technique for order preference by similarity to an ideal solution)计算安全水平,采用斯皮尔曼相关系数分析水-能源、水-粮食、能源-粮食安全指标之间的协同或权衡关系,构建了基于E-TOPSIS模型和相关分析的水-能源-粮食关联系统安全综合分析框架(图5-1)。

根据WEF nexus系统安全指标的时间序列数据,结合3.4.1节所述指标标准划分方法,分析确定了中亚五国水-能源-粮食关联系统安全评价指标的等级和标准(表5-1)。

5.1.2 指标权重计算方法

确定指标权重的方法主要有两类,即主观赋权法,如层次分析法(AHP)和以熵权法(entropy weight method)为代表的客观赋权法(Chen,2020;Tzeng et al.,2011)。熵权法是基于客观数据的每个指标的信息顺序程度的差异计算权重,表明了数据的分散程度和各种指标对WEF安全的影响(Chen,2020),已经被成功应用于水、能源和社会经济领域的指标权重确定(Duan et al.,2018)。本书所建立的WEF安全评价指标体系,所使用的指标是客观可量化的,符合熵权法的数据要求,虽然决策者的偏好会影响WEF安全评估结果,但由于决策者主观偏

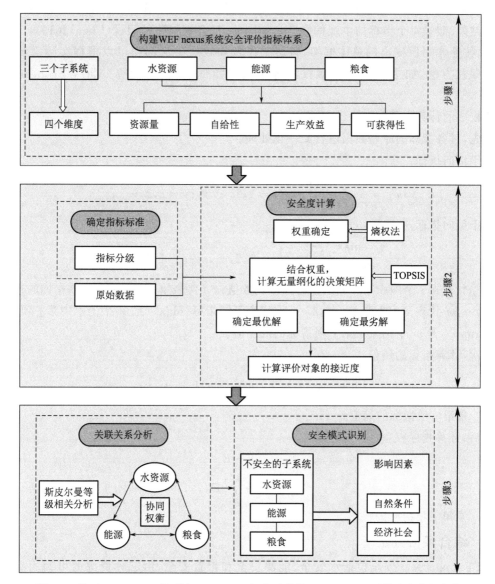

图 5-1　基于 E-TOPSIS 模型和 Spearman 相关系数的 WEF nexus 系统安全分析框架

表 5-1　中亚地区 WEF nexus 系统安全评价指标的等级和标准

等级	W1	W2	W3	W4	E1	E2	E3	E4	F1	F2	F3	F4
Ⅰ	6000	25.00	100.00	100	0.61	1.00	3.00	100	212.10	1.00	430.18	100
Ⅱ	3000	50.00	80.00	80	0.44	0.80	5.00	80	184.22	0.95	338.50	95
Ⅲ	1700	75.00	40.00	60	0.10	0.60	9.00	60	167.83	0.90	280.00	90
Ⅳ	1000	100.00	10.00	40	0.03	0.40	18.38	40	156.04	0.85	237.00	85
Ⅴ	500	151.19	0.25	20	0.02	0.20	33.05	20	113.21	0.80	107.95	80

注:W1:人均可用淡水资源量,W2:水资源压力,W3:用水效率,W4:使用安全管理的饮用水服务的人口比例,E1:人均初级能源产量,E2:一次能源的生产与消费比率,E3:一次能源的能源强度水平,E4:用电比例,F1:人均食品供应量,F2:谷物的生产与消费比率,F3:粮食生产的平均价值,F4:平均膳食能量供应充足率,详见表3-3。

好难以获得和确定。本书旨在提出一个通用的分析框架,因此,作为案例分析,为了得到相对客观的结果,假设每个指标的主观偏好性是相同的,符合熵权法的假设(Chen,2019)。需要说明的是,按照本书所提出的总体框架,科研工作者和政府决策部门可以根据实际需要,选择合适的赋权方法,如主客观组合赋权法等来确定指标的权重,计算分析 WEF nexus 系统安全。

熵权法的计算步骤如下。

首先,对各指标的原始数据进行归一化处理。

对于正向指标:

$$x'_{ij} = \frac{x_{ij} - \min_{x_j}}{\max_{x_j} - \min_{x_j}} \ (i=1,2,\cdots,m;j=1,2,\cdots,n) \tag{5-1}$$

对于负向指标:

$$x'_{ij} = \frac{\max_{x_j} - x_{ij}}{\max_{x_j} - \min_{x_j}} \ (i=1,2,\cdots,m;j=1,2,\cdots,n) \tag{5-2}$$

式中,x'_{ij} 代表第 i 个国家第 j 项指标的标准化数值;x_{ij} 代表第 i 个国家第 j 项指标的初始值;$i=1,2,\cdots,m$ 代表国家数量;$j=1,2,\cdots,n$ 代表不同指标;$\max_{x_j}$ 是 m 个国家中第 j 项指标的最大值;$\min_{x_j}$ 是 m 个国家中第 j 项指标的最小值。

其次,计算指标的熵值。

$$E_j = -\frac{1}{\ln m}\sum_{i=1}^{m}x'_{ij}\ln x'_{ij} \ (j=1,2,\cdots,n) \tag{5-3}$$

式中,E_j 是第 j 项指标的熵值。

最后,计算指标权重。

$$w_j = \frac{1-E_j}{n-\sum_{j=1}^{n}E_j} \tag{5-4}$$

式中,w_j 是第 j 项指标的权重。

5.1.3 综合评估方法

WEF nexus 系统安全包括水安全、能源安全和粮食安全,由三种资源的可利用量、自给性、生产效益和可获得性共同决定,属于多准则决策分析(MCDA)问题(Nhamo et al.,2020)。逼近理想解排序法(TOPSIS)由 Hwang C. L. 和 Yoon K. 于 1981 年提出,是一种非常有效的 MCDA 分析方法(Lin et al.,2020;Sari,2021),根据备选方案与理想方案之间的相对接近程度,确定最佳备选方案(Lin et al.,2020),具有评价客观、逻辑性强和容易计算等优点。TOPSIS 法和熵权法的结合(E-TOPSIS)已经在水质评价、煤矿安全估算、水资源安全评价、风险评估、创新绩效和脆弱性确定等综合评价领域得到了应用和验证,具有较好的效果(关鑫,2019;Kaynak et al.,2017;Li et al.,2011;Marti et al.,2021)。

TOPSIS 方法的假设为:(1)所有的准则都是单调递增或递减的;(2)所有结果都可以量化;(3)不同准则的重要性不一样(Sánchez-Lozano et al.,2016)。本书所构建的水安全、能源安全、粮食安全的评价指标均符合以上要求,因此,TOPSIS 方法可以用于评估 WEF nexus 系统的安全水平。此外,TOPSIS 方法是一种补偿性的 MCDA 方法,给出的是综合性评价结果,某一得分较高的指标可能会弥补得分较差指标的不足(Guitouni et al.,1998),掩盖潜在的不安全性,为此,本书通过计算与正、负理想解的相对接近度,确定每个评价指标的安全水平,并将其与系统安全水平对比,以发现潜在的不安全指标。

TOPSIS 方法应用步骤如下。

首先,根据原始数据矩阵 $\boldsymbol{R}=(r_{ij})_{m\times n}$ 和评价标准矩阵 $\boldsymbol{S}=(s_{ij})_{m\times n}$,建立标准化目标矩阵 $\boldsymbol{Z}=(z_{ij})_{m\times n}$,矩阵 $\boldsymbol{Z}$ 代表 12 个指标标准化后的数据。

$$\boldsymbol{R}=(r_{ij})_{m\times n}=\begin{pmatrix} r_{11} & \cdots & r_{1n} \\ \vdots & \ddots & \vdots \\ r_{m1} & \cdots & r_{mn} \end{pmatrix} \tag{5-5}$$

式中,r_{ij} 是第 i 个国家第 j 个指标的数值。

$$\boldsymbol{S}=(s_{ij})_{m\times n}=\begin{pmatrix} s_{11} & \cdots & s_{1n} \\ \vdots & \ddots & \vdots \\ s_{m1} & \cdots & s_{mn} \end{pmatrix} \tag{5-6}$$

式中,s_{ij} 在水平 i 下指标 j 的数值。

$$\boldsymbol{Z}=(z_{ij})_{m\times n}=\begin{pmatrix} z_{11} & \cdots & z_{1n} \\ \vdots & \ddots & \vdots \\ z_{m1} & \cdots & z_{mn} \end{pmatrix} \tag{5-7}$$

式中,z_{ij} 是第 i 个国家第 j 个指标的标准化后的值。

$$z_{ij}=\begin{cases} \dfrac{r_{ij}-s_{1j}}{s_{5j}-s_{1j}} & \text{负向指标} \\[3mm] \dfrac{s_{1j}-r_{ij}}{s_{1j}-s_{5j}} & \text{正向指标} \end{cases} \tag{5-8}$$

式中,z_{ij} 是第 i 个国家第 j 个指标标准化后的值,当计算出的 $z_{ij}<0$ 时,将其赋值为 0,即 $z_{ij}=0$,当计算出的 $z_{ij}>1$ 时,将其赋值为 1,即 $z_{ij}=1$。

其次,根据下式,确定 12 个指标的最优解 z_j^+ 和最劣解 z_j^-,矩阵 z_j^+ 和 z_j^- 分别代表安全水平的最高值和最低值。

$$\begin{cases} z_j^+=\max\{z_{1j},z_{2j},\cdots,z_{mj}\} \\ z_j^-=\min\{z_{1j},z_{2j},\cdots,z_{mj}\} \end{cases} \tag{5-9}$$

然后,确定各评价对象与最优解及最劣解间的加权欧氏距离。

$$\begin{cases} D_i^+=\sqrt{\sum_{j=1}^{n}w_j(z_{ij}-z_j^+)^2} \\ D_i^-=\sqrt{\sum_{j=1}^{n}w_j(z_{ij}-z_j^-)^2} \end{cases} \tag{5-10}$$

式中,D_i^+ 和 D_i^- 分别代表评价对象与最优解和最劣解间的距离。在 WEF nexus 系统安全评价中,D_i^+ 和 D_i^- 代表着实际数值与最高值和最低值的差距。

最后,计算每个评价对象的接近度 C_i。

$$C_i=\frac{D_i^-}{D_i^++D_i^-} \tag{5-11}$$

式中,C_i 值介于 0～1。C_i 越接近 1,说明评价对象越接近最优解,C_i 越接近 0,说明评价对象越接近最劣解。C_i 值代表 WEF nexus 系统的安全水平。

5.1.4　关联关系分析方法

　　根据水资源、能源、粮食安全评估指标，开展三者之间的关联关系分析，协同作用（Synergy）是指两个指标之间存在相互支持、协同发展的关系，权衡作用（Trade-off）是指一个指标会对另一个指标产生负面作用（Fader et al.，2018）。在一定程度上，可以认为两个指标之间存在正相关关系即为协同，存在负相关关系即为权衡。如前所述（3.3.1.2节），斯皮尔曼等级相关系数作为分析变量之间相关性的一种方法，包括以下优点：不需要变量之间的关系是线性，可以较好地识别非线性关系；不要求变量成比例变化；对变量的分布类型没有要求（Hauke et al.，2011；Spearman，1904）。目前，Spearman 法用于识别权衡和协同关系的有效性和适用性已在可持续发展领域、水-能源-粮食关联关系分析领域得到验证（Kroll et al.，2019；Pradhan et al.，2017；Putra et al.，2020；Ronzon et al.，2020）。当两个变量之间的相关系数大于 0.6 时，可认为二者之间存在协同关系（synergies）；当小于 −0.6 时，被定义为权衡关系（trade-offs）；当值在 −0.6～0.6 之间时，协同或权衡关系不显著，视为未分类关系（unclassified），即关系不明显（Pradhan et al.，2017；Putra et al.，2020）。需要说明的是，虽然相关性并不等于因果关系，但相关系数大于 0.6，表明两个指标的变化趋势一致，相关系数小于 −0.6，表明变化趋势不一致甚至相反，因此，相关性在一定程度上可能反映因果关系，故可以结合机理知识，在相关性分析的基础上，探索可能的因果关系。

5.2　中亚五国水-能源-粮食关联系统安全变化分析

5.2.1　关联系统安全及三个子系统安全的变化规律

　　2000—2014 年，虽然中亚五国 WEF nexus 系统安全均没有明显的增加或减少趋势，但国家之间安全水平差异很大［图 5-2（彩）］。哈萨克斯坦和塔吉克斯坦分别是 WEF nexus 系统安全水平最高和最低的国家。2000—2014 年，哈萨克斯坦、吉尔吉斯斯坦、塔吉克斯坦、土库曼斯坦和乌兹别克斯坦的 WEF nexus 系统安全值分别为 0.789、0.707、0.578、0.622 和 0.586。与 2000 年相比，2014 年塔吉克斯坦的 WEF nexus 系统安全水平增加了 10.67%，而哈萨克斯坦和土库曼斯坦的 WEF nexus 系统安全水平分别下降了 5.02% 和 3.01%。此外，2000—2014 年，塔吉克斯坦的 WEF nexus 系统安全水平最低值为 0.533，最高值为 0.621，是五国中 WEF nexus 系统安全水平波动范围最大的国家。

　　分子系统而言，中亚五国水安全、能源安全、粮食安全存在显著差异［图 5-3（彩）、图 5-4（彩）、图 5-5（彩）］。就水资源子系统而言，2000—2014 年，吉尔吉斯斯坦、土库曼斯坦、乌兹别克斯坦的安全水平呈现增长趋势［图 5-3（彩）］。从 2000 年到 2014 年，土库曼斯坦、吉尔吉斯斯坦和乌兹别克斯坦的水资源安全水平分别增加了 32%、15% 和 13%，变化率高于哈萨克斯坦和塔吉克斯坦。哈萨克斯坦、吉尔吉斯斯坦和塔吉克斯坦的水资源安全程度高于土库曼斯坦和乌兹别克斯坦，2000—2014 年，哈萨克斯坦、吉尔吉斯斯坦、塔吉克斯坦、土库曼斯坦和乌兹别克斯坦的平均水资源安全水平分别为 0.75、0.77、0.68、0.22 和 0.13。2000—2014 年，哈萨克斯坦、吉尔吉斯斯坦和塔吉克斯坦的水资源安全水平最低值仍高于 0.65，但土库曼斯坦和乌兹别克斯坦的最高值也未超过 0.30。

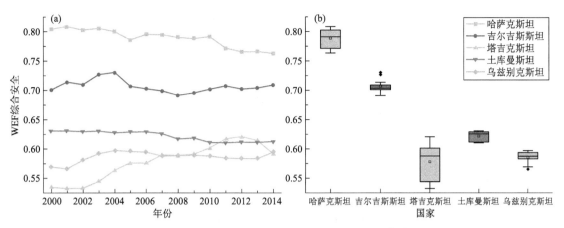

图 5-2（彩）　WEF nexus 系统安全的变化趋势（a）和箱线图（b）

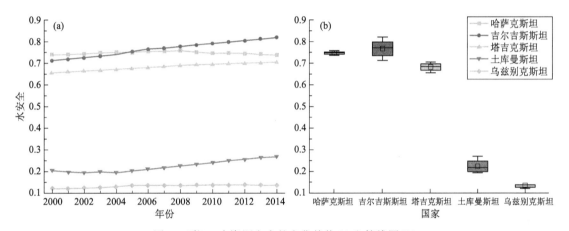

图 5-3（彩）　水资源安全的变化趋势（a）和箱线图（b）

　　从能源安全来讲,哈萨克斯坦和土库曼斯坦的能源安全程度明显高于塔吉克斯坦、土库曼斯坦和乌兹别克斯坦[图 5-4（彩）]。2000—2014 年,哈萨克斯坦、吉尔吉斯斯坦、塔吉克斯坦、土库曼斯坦和乌兹别克斯坦的平均能源安全度分别为 0.77、0.45、0.49、0.64 和 0.42。哈萨克斯坦和土库曼斯坦的最低值仍高于 0.55,但吉尔吉斯斯坦、塔吉克斯坦和乌兹别克斯坦的最高值也未超过 0.50。2000—2014 年,乌兹别克斯坦和土库曼斯坦的能源安全水平呈现明显的增加趋势,增加率分别为 68% 和 43%,而吉尔吉斯斯坦的能源安全水平基本保持不变。与水资源安全相比,中亚五国能源安全的波动范围明显大于水资源安全的波动范围,除吉尔吉斯斯坦外,2000—2014 年的能源安全水平增长率均超过了 20%。

　　从粮食安全而言,2000—2014 年,中亚五国的粮食安全水平变化差异很大[图 5-5（彩）]。塔吉克斯坦粮食安全水平最低,哈萨克斯坦、吉尔吉斯斯坦、塔吉克斯坦、土库曼斯坦和乌兹别克斯坦的平均粮食安全水平分别达到 0.76、0.67、0.27、0.80 和 0.69。哈萨克斯坦和土库曼斯坦的粮食安全呈现波动下降趋势,吉尔吉斯斯坦基本维持稳定。与水资源安全相比,中亚五国粮食安全的波动范围明显大于水资源安全,在哈萨克斯坦、塔吉克斯坦、土库曼斯坦和乌兹别克斯坦四个国家,2000—2014 年,粮食安全水平的最大值和最低值之间的差距均在 20% 以上。

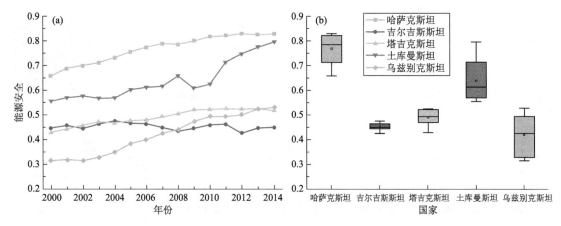

图 5-4(彩)　能源安全的变化趋势(a)和箱线图(b)

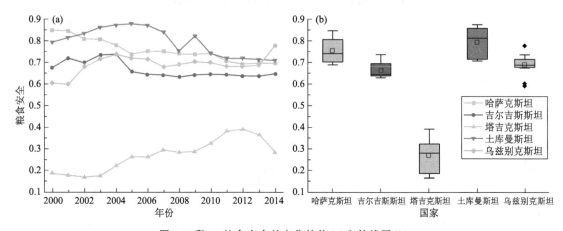

图 5-5(彩)　粮食安全的变化趋势(a)和箱线图(b)

5.2.2 关联系统安全及三个子系统安全的变化模式

为了对中亚五国 WEF nexus 系统安全水平变化模型进行划分,本书做了如下定义。"稳定"变化:相对于 2000 年,2014 年的安全水平变化率在−10%和 10%之间;"连续上升"变化:2000—2014 年,安全水平变化率高于 10%,且呈现升高变化的年数与呈现降低变化的年数之差的绝对值大于 7;"波动上升"变化:2000—2014 年,安全水平变化率高于 10%,且呈现升高变化的年数与呈现降低变化的年数之差的绝对值小于 7;"持续下降"变化:2000—2014 年,安全水平变化率低于−10%,且呈现降低变化的年数与呈现升高变化的年数之差的绝对值大于 7;"波动下降"变化:2000—2014 年,安全水平变化率低于−10%,且呈现降低变化的年数与呈现升高变化的年数之差的绝对值小于 7。

首先,对中亚五国 WEF nexus 系统安全及三个子系统安全水平逐年变化情况进行了分析[图 5-6(彩)]。2000—2014 年,在哈萨克斯坦,WEF nexus 系统安全水平上升和下降的次数分别为 5 和 9,安全水平保持相对稳定;水安全水平上升和下降的次数分别为 8 和 6;能源安全仅在两年内略有下降;粮食安全水平在 2006 年、2009 年、2010 年、2013 年和 2014 年略有增加。在吉尔吉斯斯坦,WEF nexus 系统安全水平和能源安全水平上升和下降的次数分别为 8 和 6,WEF nexus 系统安全和能源安全水平保持相对稳定,且 WEF nexus 系统安全和能源安全水平增加和减少发生在相同的年份;水安全水平持续增加;粮食安全水平上升和下降的次数分别

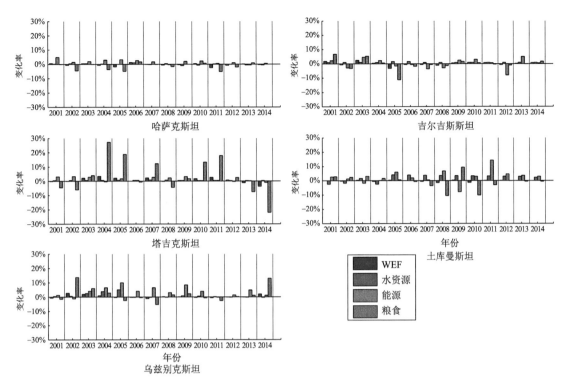

图 5-6(彩)　WEF nexus 系统安全和三个子系统安全水平的逐年变化率

为 6 和 8。在塔吉克斯坦,WEF nexus 系统安全和粮食安全水平上升和下降的次数分别为 8 和 6;水安全持续增加;能源安全仅在 2004 年、2012 年和 2014 年有所下降。在土库曼斯坦,WEF nexus 系统安全水平上升和下降的次数均为 7;水安全仅在 2001 年、2002 年和 2004 年有所下降;除 2003 年和 2009 年外,能源安全水平持续增加;粮食安全水平上升和下降的次数分别为 6 和 8。在乌兹别克斯坦,WEF nexus 系统安全水平上升和下降的次数分别为 6 和 8;水资源安全水平提高和降低的次数分别为 8 和 6;能源安全仅在 2002 年和 2011 年有所下降;粮食安全水平提高和降低的年份次数为 8 和 6。

根据以上分析可得,哈萨克斯坦、吉尔吉斯斯坦、土库曼斯坦和乌兹别克斯坦的 WEF nexus 系统安全水平保持相对稳定(表 5-2);就水资源安全而言,吉尔吉斯斯坦、土库曼斯坦和乌兹别克斯坦为"上升"变化;就能源安全而言,哈萨克斯坦、塔吉克斯坦、土库曼斯坦和乌兹别克斯坦为"上升"变化;就粮食安全而言,哈萨克斯坦和土库曼斯坦为"下降"变化。在 WEF nexus 系统安全和三个子系统安全中,只有粮食子系统安全水平出现了"下降"的变化模式,粮食压力可能是 2000—2014 年 WEF nexus 系统安全发展水平的制约因素之一。

表 5-2　WEF nexus 系统安全和三个子系统安全水平的变化模式

国家	系统	变化模式				
		稳定	上升		下降	
			连续性	波动性	连续性	波动性
哈萨克斯坦	WEF nexus 系统	*				
	水资源子系统	*				
	能源子系统		*			
	粮食子系统					*

续表

国家	系统	变化模式				
		稳定	上升		下降	
			连续性	波动性	连续性	波动性
吉尔吉斯斯坦	WEF nexus 系统	*				
	水资源子系统		*			
	能源子系统	*				
	粮食子系统	*				
塔吉克斯坦	WEF nexus 系统			*		
	水资源子系统	*				
	能源子系统		*			
	粮食子系统			*		
土库曼斯坦	WEF nexus 系统	*				
	水资源子系统		*			
	能源子系统		*			
	粮食子系统					*
乌兹别克斯坦	WEF nexus 系统	*				
	水资源子系统		*			
	能源子系统		*			
	粮食子系统			*		

5.3 水、能源、粮食之间的关联关系分析

总体而言,中亚五国水、能源、粮食之间的关联关系中,协同和权衡关系占比基本相同,未分类(即没有明显的协同或权衡关系)关系占比最大(54%)[图 5-7(彩)],说明五国水资源、能源、粮食部门变化趋势不一致,目前相互之间的关系没有明显的相互促进或制约。分国别来看,哈萨克斯坦和土库曼斯坦的协同关系占比大于权衡关系,而吉尔吉斯斯坦、塔吉克斯坦和乌兹别克斯坦的权衡关系占比大于协同关系(图 5-8)。各国的具体情况如下。

哈萨克斯坦 W1 和 F1 与其他指标的权衡关系占比大于协同关系,说明 W1 和 F1 对 WEF nexus 系统安全构成潜在威胁,虽然哈萨克斯坦可利用的水资源总量最多,但人均淡水资源量(W1)处于中等水平,随着人口增长以及能源和粮食部门的水资源需求不断增加,水资源对 WEF nexus 系统安全的制约作用越来越显著。此外,哈萨克斯坦的食品供应量(F1)呈现出持续下降的趋势,可能与食品政策和饮食习惯有关。

吉尔吉斯斯坦能源和水资源、粮食的关系均以未分类为主,说明能源部门没有为水资源供应和粮食生产提供足够的支持,虽然吉尔吉斯斯坦水力发电潜力很大,但是化石能源极为匮乏,目前,其用电量占比最大的是居民生活用电(Meyer et al.,2019;Rakhmatullaev et al.,2018),阻碍了水资源和粮食可持续发展目标的实现。吉尔吉斯斯坦水资源和粮食子系统的权衡关系占比大于协同关系,反映了该国水土资源严重不匹配的问题,吉尔吉斯斯坦的可耕地面

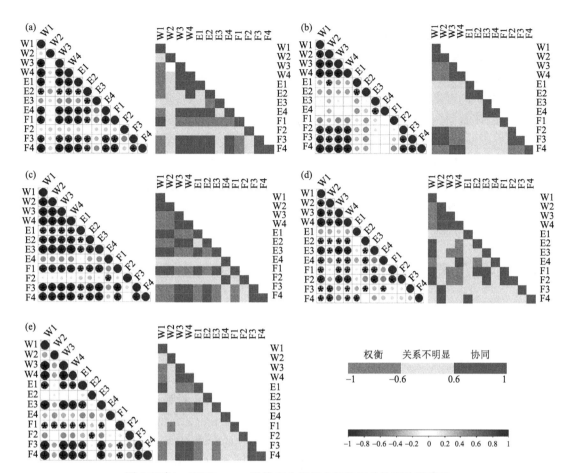

图 5-7（彩）　WEF nexus 系统安全指标之间的相关性和关联关系

（a）哈萨克斯坦；（b）吉尔吉斯斯坦；（c）塔吉克斯坦；（d）土库曼斯坦；（e）乌兹别克斯坦

（其中 * 表示 p 值小于 0.05 的相关性）

□ 哈萨克斯坦　■ 吉尔吉斯斯坦　□ 塔吉克斯坦　■ 土库曼斯坦　■ 乌兹别克斯坦

哈萨克斯坦		吉尔吉斯坦		塔吉克斯坦		土库曼斯坦		乌兹别克斯坦	
		相关度较低 43				相关度较低 39		相关度较低 44	
相关度较低 31	协同 20			权衡 24	协同 21				
权衡 15		权衡 12	协同 11	相关度较低 21		协同 15	权衡 12	权衡 13	协同 9

图 5-8　WEF nexus 系统三种类型的关联关系数量对比

积在中亚五国中最少，可耕地面积与总面积的比例在咸海流域也最低（Zhang et al.，2019a），有限的土地资源阻碍了水资源的最大化利用。

塔吉克斯坦权衡关系占比略大于协同关系，其 WEF nexus 系统安全及关联关系情况与吉尔吉斯斯坦相似，塔吉克斯坦的可耕地面积和可耕地面积占总面积的比例略大于吉尔吉斯斯坦(Zhang et al.,2019a),大多数指标与其他指标的权衡和协同关系占比几乎相等,三个子系统协同发展水平仍有待提高,相互支撑的潜力依然很大。

土库曼斯坦水、能源、粮食之间的协同关系占比大于权衡关系,但是,水资源部门的权衡关系占比大于协同关系,反映了土库曼斯坦人均水资源量最少,水资源压力大的事实。在咸海流域,土库曼斯坦的可耕地面积处于中等水平(Zhang et al.,2019a),化石能源极为丰富,而水资源非常短缺,严重制约了能源和粮食的可持续发展,威胁了能源和粮食安全。

乌兹别克斯坦水、能源、粮食之间的权衡关系占比略大于协同关系,其未分类关系占比是中亚五国中最高的,W2、E2、E4、F1 和 F2 与几乎所有其他 WEF nexus 系统安全指标都显示出未分类的关系,目前,乌兹别克斯坦水、能源、粮食之间的相互制约作用还没有完全凸显出来,但随着水资源危机加重,如果不能与上游国家妥善处理水量分配的问题,乌兹别克斯坦WEF 危机必然很严重。

5.4 水-能源-粮食关联系统安全的限制要素与安全模式识别

综合已有研究和本书研究结果的分析表明,土库曼斯坦和乌兹别克斯坦两国,对 WEF nexus 系统安全影响最大的是水资源子系统,吉尔吉斯斯坦和塔吉克斯坦迫切需要提高能源和粮食子系统的安全水平(Jalilov et al.,2016)[图 5-9(彩)]。水资源、能源、粮食三个子系统的具体情况如下。

虽然塔吉克斯坦和吉尔吉斯斯坦是中亚五国中人均水资源量最高的两个国家,但其水安全受到了利用效益低(W3)和可获得性差(W4)的威胁(Chen et al.,2020;FAO,2018);土库曼斯坦和乌兹别克斯坦水安全同时受到了 W1、W2 和 W3 的影响,此外,由于缺少安全可靠的饮用水供应服务,乌兹别克斯坦水资源可获得性(W4)也较差,安全值为 0.406。

能源的可利用量(E1)和自给率(E2)制约了吉尔吉斯斯坦的能源安全,其安全值分别为 0.236 和 0.011;塔吉克斯坦的能源安全受能源缺乏影响最大,能源的可利用量(E1)得分仅为 0.005;乌兹别克斯坦的能源可持续性主要受能源的可利用量(E1)和生产效益(E3)的影响,安全值分别为 0.422 和 0.129;虽然土库曼斯坦是全球重要的天然气生产和出口国,但其能源生产效益(E3)较低,得分为 0.402,制约了能源的可持续发展。

哈萨克斯坦食品供应量(F1)从 2000 年到 2014 年持续下降,对粮食安全构成潜在威胁;由于土地资源有限,吉尔吉斯斯坦和塔吉克斯坦粮食自给率(F2)很低,安全值分别为 0.298 和接近 0;尽管 F2 也对土库曼斯坦和乌兹别克斯坦的粮食安全产生了一定影响,但与吉尔吉斯斯坦和塔吉克斯坦不同,这两个国家的粮食压力主要是由于灌溉水资源不足,威胁粮食生产导致(Zhang et al.,2020b)。

研究结果进一步证实了水资源是中亚水、能源、粮食可持续发展的核心制约因素。根据中亚五国 WEF nexus 系统安全的限制性指标分析和指标主要受自然属性还是经济社会要素影响,对中亚五国 WEF nexus 系统的安全模式进行了划分(表 5-3)。从资源天然禀赋(自然属性)的角度来讲,土库曼斯坦和乌兹别克斯坦的可利用淡水资源总量是 WEF nexus 系统安全的主要制约因素;上游国家吉尔吉斯斯坦和塔吉克斯坦可持续发展主要受能源和粮食安全制约。从资源开发利用(经济社会)的角度来讲,哈萨克斯坦和吉尔吉斯斯坦的 WEF nexus 系统安全模式分别是粮食制约和水-粮食制约型;土库曼斯坦的水资源安全和能源安全均较差;塔

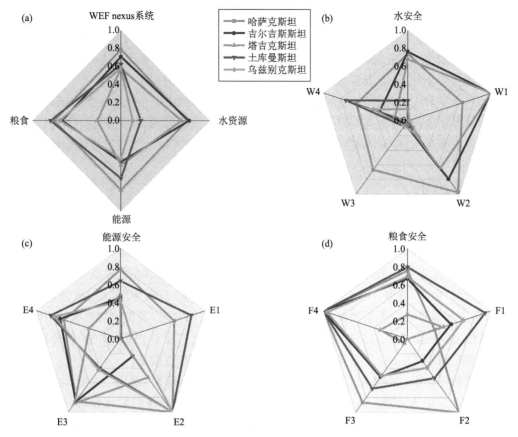

图 5-9（彩）　WEF nexus 系统安全评价指标得分值及其与所属子系统的安全得分值对比
（a）水、能源和粮食子系统安全与 WEF nexus 系统安全对比；（b）W1、W2、W3 和 W4 指标得分与水安全对比；
（c）E1、E2、E3 和 E4 指标得分与能源安全对比；（d）F1、F2、F3 和 F4 指标得分与粮食安全对比

表 5-3　中亚五国 WEF nexus 系统安全模式

国家	子系统	资源禀赋	开发利用
哈萨克斯坦	水资源		
	能源		
	粮食		*
吉尔吉斯斯坦	水资源		*
	能源	*	
	粮食	*	*
塔吉克斯坦	水资源		*
	能源	*	*
	粮食	*	*
土库曼斯坦	水资源	*	*
	能源		*
	粮食	*	
乌兹别克斯坦	水资源	*	*
	能源	*	*
	粮食	*	*

吉克斯坦同时受水资源安全、能源安全、粮食安全的影响。无论从资源禀赋还是开发利用方面来看，乌兹别克斯坦 WEF nexus 系统安全模式均是水-能源-粮食复合制约型，说明乌兹别克斯坦是中亚五国中 WEF nexus 系统安全问题最为严重、关联关系最为复杂的国家。为了应对水、能源、粮食安全危机，在资源禀赋方面，咸海流域上下游国家应本着互惠互利的原则，尽快确定合理的水量分配和能源/粮食补偿机制（Jalilov et al.，2016）；在经济社会方面，中亚各国，特别是吉尔吉斯斯坦、塔吉克斯坦和乌兹别克斯坦，应加强国际贸易和交流合作，积极引入先进的管理方案和技术，提高 WEF nexus 系统的安全性，保障可持续发展目标的顺利实现。

5.5　本章小结

本章聚焦 WEF nexus 系统安全分析的问题，利用 3.4.1 节构建的涵盖可利用量、自给性、生产效益和可获得性的评价指标体系，集成 TOPSIS 方法和斯皮尔曼等级相关系数的优势，提出了 WEF nexus 系统安全分析框架。采用的指标体系考虑了数据在大多数国家的可获得性，覆盖了资源的"数量、获取、使用、产出效益"全生命周期，深化了对 WEF nexus 系统安全的认识；结合斯皮尔曼等级相关系数对指标间的协同和权衡作用分析，可实现对水资源、能源、粮食三个子系统之间关联关系的分析，统筹了 WEF nexus 系统安全和内部关联关系分析，为探索关联关系变化对 WEF nexus 系统安全的驱动作用，提供了有益借鉴。

针对面临严重水、能源、粮食问题的中亚五国，开展案例研究，给出了中亚地区国家尺度水、能源、粮食安全的清晰认识，结合单一指标安全度和系统安全度的对比分析，指明了中亚五国提升 WEF nexus 系统安全的方向；提出的研究框架具有开放性的特点，例如，改变指标赋权方法（如采用主观赋权法），即可实现考虑国家自身资源禀赋、安全需求特点（决策者偏好）的 WEF nexus 系统安全评价。本章取得的主要认识如下。

（1）集成 E-TOPSIS 模型和斯皮尔曼等级相关系数方法的水-能源-粮食关联系统安全分析框架所得的研究结果，基本反映了中亚地区的真实情况，说明该方法具有一定的合理性和推广应用价值。

（2）2000—2014 年，中亚五国 WEF nexus 系统安全和三个子系统安全呈现不同的变化趋势。总体而言，哈萨克斯坦 WEF nexus 系统安全水平最高，其次是吉尔吉斯斯坦、土库曼斯坦和乌兹别克斯坦，塔吉克斯坦安全水平最低。

（3）中亚五国水、能源、粮食之间存在协同、权衡和未分类（即不存在明显的协同或权衡作用）三种关联关系，其中，无明显关系类型的占比最高（54%），表明中亚地区水、能源、粮食之间的关系，向协同方向改进的潜力和空间仍然很大。此外，无论是上游水资源丰富国家（塔吉克斯坦和吉尔吉斯斯坦），还是下游水资源短缺国家（土库曼斯坦、乌兹别克斯坦和哈萨克斯坦），水资源问题均是水-能源-粮食关联系统良性发展的重要要素。

（4）为提高国家层面的 WEF nexus 系统安全水平，哈萨克斯坦应优先考虑粮食分配和供应；吉尔吉斯斯坦和塔吉克斯坦应增加能源和粮食生产，提高水和粮食的供应水平和使用效率；土库曼斯坦应增加可供利用的水资源，加强粮食生产，提高水和能源的供应水平和使用效率；乌兹别克斯坦应同时关注水资源、能源、粮食的可利用量、供应量和管理水平。

第6章 气候和经济社会要素对中亚地区 WEF nexus 系统的影响研究

气候变化和人类活动是推动水资源、能源、粮食相关要素变化的重要作用力,体现了外界环境对 WEF nexus 系统的塑造作用。首先,以第 5 章所采用的水资源、能源、粮食安全指标表征水资源、能源、粮食子系统,以降水表征气候变化,以人口和 GDP 表征人类活动,构建了中亚地区气候-经济社会-水-能源-粮食贝叶斯网络模型,提供了气候变化和人类活动对中亚 WEF nexus 系统影响的基本认识;其次,以中亚典型流域阿姆河流域为例,采用趋势分析、相关分析、干旱指数、弹性系数法等分别分析了气候变化和经济社会要素对水资源、能源、粮食供需的影响;最后,综合统计数据和估算数据,核算了阿姆河流域沿线国家粮食子系统消耗能源、水资源子系统消耗能源、能源子系统消耗水资源、粮食子系统消耗水资源情况,计算了水-能源-粮食关联关系的综合指数,验证了第 3 章 3.4.2 节所提出指标的合理性,定量评估了气候变化和人类活动影响下的水-能源-粮食关联关系变化规律。本章采用"整体思维与分析思维相结合、跳出系统看系统"的思维开展了 WEF nexus 系统外部驱动力的案例分析,以期探索水-能源-粮食关联关系变化的作用机制,为 WEF nexus 系统的调控和优化提供参考。

6.1 中亚气候-经济社会与 WEF nexus 系统之间关系的基本情况及本章分析思路

6.1.1 中亚地区气候-经济社会与 WEF nexus 系统之间的关系分析

采用贝叶斯网络模型(3.3.3.2 节),开展中亚地区气候-经济社会与水资源-能源-粮食关系分析,以实现对基本情况的认识。依据第 5 章的中亚五国水资源、能源、粮食安全指标数据,以人口和 GDP 总量表征经济社会影响,以降水量表征气候变化影响,以人均可用淡水资源量、水资源压力、用水效率、使用安全管理的饮用水服务的人口比例表征水资源安全,以人均初级能源产量、一次能源的生产与消费比率、一次能源的能源强度水平、用电比例表征能源安全,以人均食品供应量、谷物的生产与消费比率、粮食生产的平均价值、平均膳食能量供应充足率表征粮食安全。依据前期确定的五级分类标准,对五个国家的年度数据进行离散化处理(表 6-1),得到了样本数据集。

表 6-1 变量离散分级表

变量	高	较高	中等	较低	低
降水/mm	>577	434~577	270~434	190~270	<190
GDP/亿美元	>1680	485~1680	170~485	49~170	<49
人口/百万人	>30	16~30	7-16	5~7	<5
W1	>6000	>3000	>1700	>1000	<1000

变量	高	较高	中等	较低	低
W2	<25	25～50	50～75	75～100	>100
W3	80～100	40～80	10～40	0.25～10	<0.25
W4	>80	60～80	40～60	20～40	<20
E1	>0.61	0.44～0.61	0.1～0.44	0.03～0.1	<0.03
E2	>1	0.8～1	0.6～0.8	0.4～0.6	<0.4
E3	<3	3～5	5～9	9～18	>18
E4	>80	60～80	40～60	20～40	0.2
F1	>212	184～212	168～184	156～168	113～156
F2	>1	0.95～1	0.90～0.95	0.85～0.90	<0.85
F3	>430	339～430	280～339	237～280	<237
F4	>100	95～100	90～95	85～90	<80

注:W1:人均可用淡水资源量,W2:水资源压力,W3:用水效率,W4:使用安全管理的饮用水服务的人口比例,E1:人均初级能源产量,E2:一次能源的生产与消费比率,E3:一次能源的能源强度水平,E4:用电比例,F1:人均食品供应量,F2:谷物的生产与消费比率,F3:粮食生产的平均价值,F4:平均膳食能量供应充足率,详见表3-3。

依据经验知识,构建了经济社会发展和气候变化对水资源-能源-粮食安全影响的贝叶斯网络拓扑结构模型[图 6-1(彩)]。利用 Netica 软件,采用通过观测数据获取网络节点条件概率分布的办法,并使用贝叶斯学习算法中的 Counting-Learning 算法进行网络参数学习,计算了网络节点的条件概率(图 6-1)。

用水效率、平均膳食能量供应充足率、用电比例在不同 GDP 水平下的概率没有显著差异,用水效率出现概率最高的状态为较低水平,平均膳食能量供应充足率和用电比例出现概率最高的状态均为高水平;随着人口数量变化,人均可用淡水资源量、水资源压力、人均初级能源产量、一次能源的生产与消费比率、人均食品供应量出现在不同状态下的概率均会发生变化;不同降水条件下,水资源压力、谷物的生产与消费比率出现在不同状态下的概率也会发生变化。

就整个中亚地区而言,GDP、人口、降水等人为和自然因素分别影响着水、能源、粮食安全的不同方面。目前来看,经济发展并未对资源利用效率和供给效益产生显著影响,人口增加或减少直接作用于水资源、能源、粮食的需求,而人类需求是研究水、能源、粮食安全的根本落脚点。因此,人口变化是影响中亚地区 WEF nexus 系统安全的重要因素,气候要素从供给侧也对区域水资源安全和粮食安全产生了一定程度的影响。

6.1.2　气候变化和人类活动对阿姆河流域 WEF nexus 系统影响分析思路

根据第 2 章 2.2.4 节的分析可知,气候变化和人类活动对 WEF nexus 系统的影响是多方面的,影响方式、影响点也非常复杂,但主要体现在对水、能源、粮食供给和需求的影响上(图 6-2),6.1.1 节的分析进一步证实了二者从供需端对中亚地区 WEF nexus 系统安全的影响。为此,6.2 节和 6.3 节将聚焦水资源、能源、粮食供需这一基本问题,开展中亚典型流域阿姆河流域气候变化和经济社会发展对 WEF nexus 系统影响的实证研究。在气候变化的驱动作用方面,6.2 节针对水资源的供给问题,分析了上游代表性站点降水、气温和流量的变化趋势及其相互关系;针对受气候变化影响最明显的水电资源,根据流量数据和水电潜力计算公式,分析了上游努列克水电站和下游图亚木云水利枢纽,近年来理论的水电潜力变化规律;围绕气候变化对

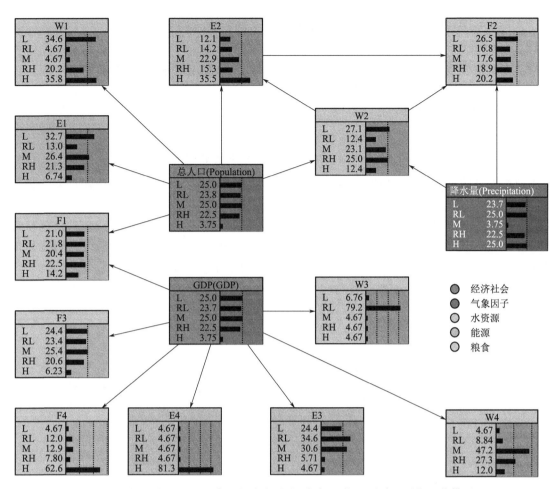

图 6-1(彩)　中亚地区经济社会-气候变化-水资源-能源-粮食贝叶斯网络模型

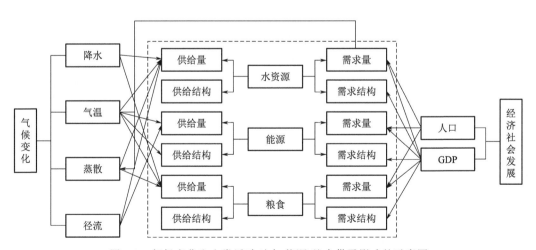

图 6-2　气候变化和人类活动对水-能源-粮食供需影响的示意图

作物产量影响这一热点问题,采用 HP 滤波(Hodrick-Prescott filter)方法分离得到作物的气候产量,以干旱强度指数(DSI)表征气候变化,采用统计学方法,分析了主要作物的气候产量和 DSI 之间的关系。在经济社会的驱动作用方面,根据统计和估算数据,采用弹性系数法,分析了人口和 GDP 对水资源需求、能源需求、粮食需求的影响。

6.2　气候要素对阿姆河流域 WEF nexus 系统供给侧的影响

6.2.1　对径流量的影响

由于阿姆河流域下游地区径流量受人类活动影响较大,本书选取上游主要支流瓦赫什河努列克站点,分析降水、气温变化对阿姆河流域水资源供给的影响,分析的基本思路为:(1)提取上游努列克站点汇水面积内的降水、气温数据;(2)分析降水和气温的变化规律;(3)分析降水、气温与径流量的相关性。

1991—2016 年期间,阿姆河上游努列克站点汇水面积内降水量基本维持稳定,仅仅略有下降;气温呈现明显的上升趋势,阿姆河流域上游水资源供给(径流量)呈现增加趋势(热依莎·吉力力,2019)。总体而言,努列克站径流量与降水的相关性高于径流量与气温的相关性,二者的相关系数为 0.548,而径流量与气温的相关系数为 −0.041(图 6-3)。

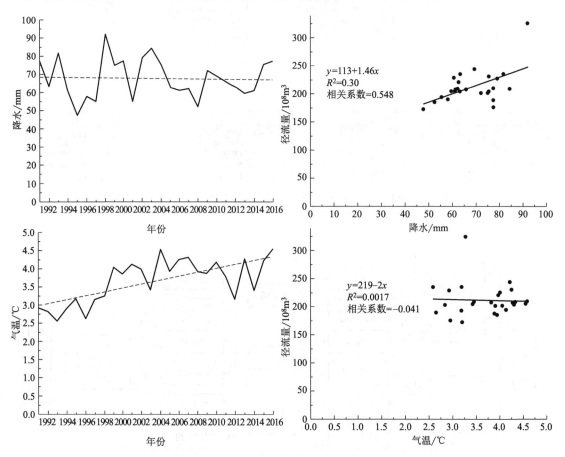

图 6-3　努列克站降水、气温变化及二者与径流的相关性

6.2.2　对水电资源潜力的影响

如前所述,阿姆河流域内最大的水电站为上游塔吉克斯坦境内瓦赫什河上的努列克水电站,设计库容 105 亿 m³、有效库容 45 亿 m³,最大坝高 300 m,最大水头 270 m,水电装机

301.5 万 kW,设计年发电量 11400 MkW·h(但杨 等,2021;Jalilov et al.,2016)。乌兹别克斯坦境内的图亚木云水库,设计水库库容 78 亿 m³、水电装机 15 万 kW,是阿姆河中下游地区最为重要的综合水利枢纽。

在同一位置,水头保持不变的情况下,水电潜力的决定因素为流量。下式为计算水电潜力的经验性公式(Meng et al.,2021)。

$$P = g \cdot \rho \cdot \Delta H_i \cdot Q \tag{6-1}$$

式中,P 代表水电潜力,单位为 W;g 代表重力加速度,单位为 m/s²,取值为 9.8 m/s²;ρ 代表水体密度,单位为 kg/m³,取值为 1000 kg/m³;ΔH_i 代表计算格点和最低点之间的高程差,单位为 m,此处为水电站水头,即水电站上、下游水位的差值,努列克水电站水头取值为 270 m,图亚木云水库水头取值为 130 m;Q 代表年平均流量,单位为 m³/s。当所有的流量都用于发电时,水力发电量最大。

本书通过计算努列克站点和图亚木云水利枢纽处理论的最大水力发电量,揭示气候变化背景下的阿姆河流域水电潜力变化规律(图 6-4)。1980—2016 年,上游努列克水库水力发电潜力相对平稳,变化较小;1983—2019 年,下游图亚木云水利枢纽水力发电潜力变化较大,波动性相对较强。说明气候变化暂未对阿姆河流域水电潜力产生较大影响,下游水电潜力波动较大的原因,可能是受灌溉取水等人类活动影响。

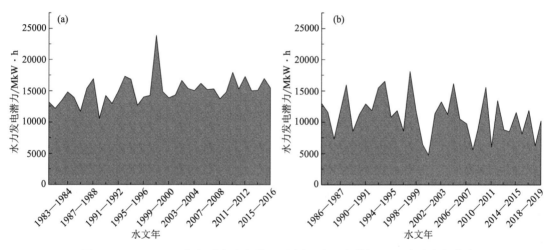

图 6-4　1980—2019 年努列克水电站(a)和图亚木云水利枢纽(b)水力发电潜力

6.2.3　对作物产量的影响

CO_2 浓度升高、气温升高、降水变化、日内温差变化、极端气候事件(干旱、洪涝、高温热浪等)和综合性的气候变化均会影响作物生产和产量,进而影响粮食供给(陈鹏狮 等,2009)。目前,气候变化对粮食产量影响的分析方法包括田间控制实验、统计模型、作物生长机理模型、遥感数据反演模型等(刘宪锋 等,2021)。统计模型评估主要基于历史数据,构建气候数据和作物产量数据之间的关系,反映气候要素对作物产量的影响规律,具有操作简单、重复性强的优点,可以充分利用作物历史产量数据,适用于不同时空尺度的研究,是分析作物产量对气候变化响应规律最常用的方法(刘宪锋 等,2021)。例如,Gammans 等(2017)基于历史数据,采用统计方法分析了气温和降水对法国大麦和小麦的影响,本节采用相关分析的统计学方法解析中亚地区气候因素对主要作物产量的影响。

农作物产量主要由趋势产量、随机产量和气候产量构成。趋势产量体现经济社会发展造成的产量波动,气象产量反映气候要素变化对作物产量的影响。为此,在进行气候要素与作物产量统计关系分析之前,需要对作物产量原始数据做去趋势化处理,常用方法有指数平滑法、滑动平均法、Logistic 拟合法、HP 滤波法(Hodrick-Prescott filter)等(余慧倩 等,2019),其中,HP 滤波法是一种对时间序列在状态空间进行分解的方法,假设产出包括短期波动成分和长期趋势成分,可以去掉趋势产量和随机产量的影响,更加科学合理,本书采用 HP 滤波法对农作物产量数据进行去趋势化处理,所用软件为 Eviews 软件,HP 滤波法的详细计算步骤可参考相关文献(王桂芝 等,2014)。

本节具体分析思路如下:

(1)选取中亚地区主要作物棉花、水稻、冬小麦为代表性作物,采用 HP 滤波方法得到气候产量;

(2)计算干旱强度指数,以反映气候条件变化;

(3)分析气候产量和主要作物生长时期(表 6-2)干旱强度指数的关系。

基于 MODIS 数据集中的 NDVI 和 ET/PET 数据,计算干旱强度指数(Drought Severity Index,DSI)。计算过程如下(余慧倩 等,2019):

$$Z_{ET/PET} = \frac{R_{ET/PET} - \bar{R}_{ET/PET}}{\sigma_{ET/PET}} \tag{6-2}$$

$$Z_{NDVI} = \frac{NDVI - \overline{NDVI}}{\sigma_{NDVI}} \tag{6-3}$$

$$Z = Z_{ET/PET} + Z_{NDVI} \tag{6-4}$$

$$DSI = \frac{Z - \bar{Z}}{\sigma_Z} \tag{6-5}$$

式中,$Z_{ET/PET}$ 为 ET/PET 的标准化值,$R_{ET/PET}$ 为某年某月的 ET/PET 值,$\bar{R}_{ET/PET}$ 为某月 ET/PET 的平均值,$\sigma_{ET/PET}$ 为某月 ET/PET 的标准差,Z_{NDVI} 为 NDVI 的标准化值,$\overline{NDVI}$ 为某月 NDVI 的平均值,σ_{NDVI} 为某月 NDVI 的标准差,$\bar{Z}$ 为某月 Z 值的平均值,σ_Z 为 Z 值的标准差。

表 6-2 主要作物生长时期(Wang et al.,2022)

作物类别	种植日期	收获日期	总天数/d
棉花	4 月 16 日	10 月 28 日	196
冬小麦	10 月 15 日	次年 6 月 10 日	238
水稻	5 月 11 日	11 月 6 日	179

根据作物生长时期 DSI 与作物产量相关性(表 6-3),可得到如下结论。干旱对不同类型作物产量影响的差异方面:不同作物生长时期 DSI 与该作物产量的相关性分析表明,全流域尺度,月尺度 DSI 与棉花产量的相关性以正值为主,正相关系数的占比明显大于月尺度 DSI 与水稻产量、小麦产量的相关性系数。干旱对作物产量影响的空间差异方面:对于 DSI 与棉花产量的相关性,上游和中游正相关系数占比明显大于下游;对于 DSI 与水稻产量的相关性,下游正相关系数占比明显大于上游和中游;对于 DSI 与小麦产量的相关性,上中下游正相关系数占比均低于 50%,且上中下游之间差异不显著。

表 6-3　作物生长时期 DSI 与作物产量相关性情况

作物类型	空间位置	正相关数量	负相关数量	正相关占比
棉花	上游	19	9	67.86%
	中游	32	17	65.31%
	下游	8	13	38.10%
	全流域	59	39	60.20%
水稻	上游	10	18	35.71%
	中游	18	31	36.73%
	下游	15	6	71.43%
	全流域	43	55	43.88%
冬小麦	上游	12	24	33.33%
	中游	28	35	44.44%
	下游	11	16	40.74%
	全流域	51	75	40.48%

　　总体而言,阿姆河沿线地区,2001—2018 年月尺度的 DSI 与棉花、水稻、小麦产量相关性较差,推测作物产量目前尚未受到干旱的显著影响。有研究表明,提高灌溉比例或延长灌溉时间可以有效降低气候变化导致的作物产量损失(Zhu et al.,2022),而阿姆河地区灌溉农业发达,这可能是该地区作物产量暂未受到气候变化明显影响的原因之一。但随着气候变化加剧,水资源短缺形势日益严峻,未来阿姆河流域作物产量大概率会受到干旱的影响,需要加以重视。例如,有研究发现,未来阿姆河流域塔什干地区呈现温度明显升高、干旱发生频率明显增加的特征,气象干旱将导致棉花产量下降,SSP1-2.6、SSP3-7.0 和 SSP5-8.5 等 3 种排放情景下,严重气象干旱将导致 2021—2050 年棉花产量较 1961—1990 年分别下降 28.0%、29.6% 和 32.1%,2061—2090 年棉花分别减产 31.5%、33.1% 和 35.7%,在 SSP3-7.0 和 SSP5-8.5 情景下,极端气象干旱将导致 2061—2090 年棉花产量分别下降 41.3% 和 54.2%(徐杨 等,2022)。

6.3　经济社会发展对阿姆河流域 WEF nexus 系统需求侧的影响

　　以人口和 GDP 指标代表经济社会要素,研究人类活动对 WEF nexus 系统的影响。从供需关系、关联关系角度来看,经济社会要素对水、能源和粮食的供给、需求、两两相互消耗关系,均会产生影响,但以需求侧影响为主,本节重点阐述人口和 GDP 对水、能源、粮食需求的影响。

　　从需求量的绝对值来看,在人均需求不变的情况下,人口总量增加,必然导致水资源、能源、粮食需求增加。然而,由于资源的有限性,当人口的增加导致水、能源、粮食供不应求时,市场机制就会起作用,通过价格调控不同收入水平人均需求量,平衡供需关系。此外,当不同部门使用水资源、能源、粮食的边际效应差异过大时,受经济利益刺激,会产生竞争关系,为获得 WEF 使用权,各个生产生活部门会努力提高开发利用技术,降低消耗量。

　　经济增长对水、能源、粮食的需求侧可能产生相反的影响,一是收入水平增加,居民对生活品质的要求提高,人均需求量会提高;二是经济发展,受教育水平提高,公民资源节约和生态环境保护意识提高,加上技术进步,人均消耗量会降低。水、能源、粮食需求量还受文化习俗、宗教、地理位置、气象条件等自然人文因素影响,例如,相对于湿润区,干旱区的居民生活、作物生长可能需要更多的水资源;寒冷地区(取暖)和炎热地区(降温),相对于气候宜人地区,可能需要消耗更多能源;游牧民族和农耕民族对粮食需求量和结构也存在显著差异。

考虑人口和 GDP 对水、能源、粮食需求量影响的复杂性和难以准确衡量的现状,为反映其主要矛盾,本节研究基于如下假设:(1)不考虑人口和经济之间的交互作用对需求的影响;(2)人口指标通过改变有水、能源、粮食需求的人口数量,作用于需求总量;(3)经济发展通过影响人均需求量,改变需求总量。根据以上假设,在已有人口/GDP 和水、能源、粮食需求量实测统计或估测数据的情况下,可依据人口增长率和 GDP 增长率与水资源需求增长率、能源需求增长率、粮食需求增长率之间的对比关系,分析人口变化和经济发展对水资源、能源、粮食需求量的影响程度。

由于中亚地区数据缺乏、获取难度大,本书以世界银行数据库中的人口和 GDP 总量数据表征经济社会要素:(1)根据相关研究中核算的中亚地区人均水资源消耗量标准(刘爽 等,2021),计算总的水资源需求量,分析经济社会发展影响下的水资源需求量变化规律;(2)依据世界银行数据库中的耗电量(千瓦时)和能源使用量(千克石油当量)数据,采用弹性系数法(3.3.2.1节)分析经济社会发展对能源需求的影响;(3)依据联合国粮食及农业组织数据库中的实际谷物供应量,采用弹性系数法分析经济社会发展对粮食需求的影响。

6.3.1 对水资源需求的影响

经济发展对居民生活水资源需求量的影响极其复杂,虽然已有学者总结出了人均水资源需求量与能源消费、电力产量、GDP 等的关系(Wada et al.,2016),但这种关系在全球尺度总体趋势的研究中可能具有更好的实践价值,对于中亚干旱区适用性较差,特别是对于塔吉克斯坦地区,其能源和电力严重不足、可获得安全饮用水服务人口比例较低,同时该地区历史统计数据难以获得,无法根据历史资料,推求出适用于该地区的经验公式,因此,本节重点分析人口变化对潜在居民生活需水量的影响。

由于难以获得生活需水量的实际数据,本书根据相关研究估算阿姆河沿线国家生活需水数据,中亚地区居民生活用水定额约为 93～98 m³/a,采用城市居民 105 m³/a、农村居民 95 m³/a 进行分析(刘爽 等,2021),通过下式计算不同国家居民生活需水总量:

$$W_{生活} = P_{城镇} \times w_{城镇} + P_{农村} \times w_{农村} \tag{6-6}$$

式中,$W_{生活}$ 指居民生活需水总量,$P_{城镇}$ 指城镇人口,$w_{城镇}$ 指城镇居民生活用水定额,$P_{农村}$ 指农村人口,$w_{农村}$ 指农村居民生活用水定额。

1991—2019 年,阿姆河流域塔吉克斯坦、乌兹别克斯坦、土库曼斯坦城镇居民、农村居民和居民生活需水总量变化如图 6-5 所示。总体而言,随着人口增多,阿姆河流域沿线国家居民生活需水量均呈明显增加趋势,人口是生活需水量变化最重要的影响因素。对比而言,土库曼斯坦居民生活需水总量最低,塔吉克斯坦略高于土库曼斯坦,乌兹别克斯坦居民生活需水量最高。分类来看,塔吉克斯坦农村人口多,农村与城镇居民生活需水量的比值始终在 2 以上,并且呈现了轻微的增加趋势;由于城镇人口不断增多,乌兹别克斯坦和土库曼斯坦的城镇居民生活需水量分别在 2004 年和 2008 年超过农村居民生活需水量;从 1991 年到 2019 年,阿姆河流域城镇居民生活需水量与农村居民生活需水量逐渐接近。

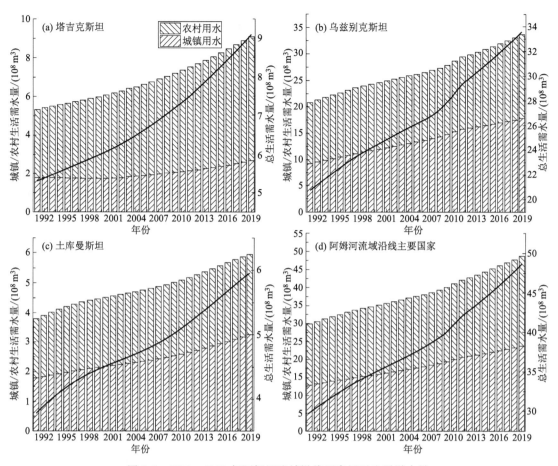

图 6-5 1991—2019 年阿姆河流域沿线国家居民生活需水量

6.3.2 对能源需求的影响

根据阿姆河流域沿线国家电力和能源消费-GDP/人口弹性系数及各自的增长率(图 6-6),分析得出如下结论。从弹性系数的数值来看(3.3.2.1 节),塔吉克斯坦始终没有明显规律;乌兹别克斯坦能源消费与 GDP/人口的弹性系数也没有明显规律,2000 年以后,电力消费与人口的弹性系数,主要在 0.5~1 之间波动,属于无弹性到单位弹性的需求之间,电力消费与 GDP 的弹性系数,主要在 0~0.5 之间波动,也属于无弹性到单位弹性的需求之间;在土库曼斯坦,2000 年以后呈现出明显的规律性,电力/能源消费与人口的弹性系数基本都大于 1,属于富于弹性的需求,电力/能源消费与 GDP 的弹性系数主要在 0~1 之间,属于无弹性到单位弹性的需求之间。

具体而言,1991—2019 年,塔吉克斯坦人口增长率始终为正值,1991—1996 年,GDP 增长率为负值,1997 年之后,GDP 增长率变为正值,而电力消费量和能源消费量始终处于波动状态,增长率有正有负。因此,电力/能源消费-GDP/人口的弹性系数也处于正负波动中;GDP 和人口变化趋势与电力和能源消费量变化趋势不同步,没有出现同增同减,与常规认识相反,反映了塔吉克斯坦能源消费量主要由供给决定,长期处于供不应求状态的困境。电力/能源消费-人口弹性系数的绝对值明显大于电力/能源消费-GDP 弹性系数,因此,人口变化对电力/能源消费量的影响要大于经济增长。虽然经济社会发展会提高塔吉克斯坦能源和电力的潜在需

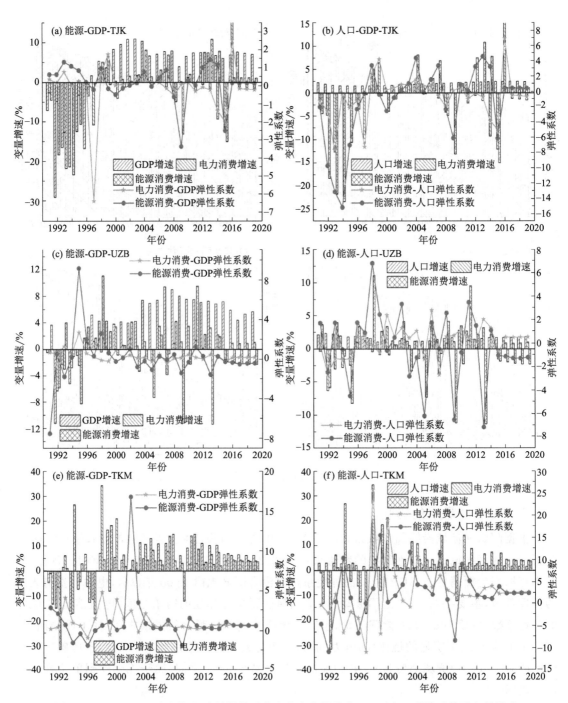

图 6-6　1991—2019 年阿姆河流域沿线国家电力和能源消费-GDP/人口弹性系数及变量增速

（TJK 表示塔吉克斯坦，UZB 表示乌兹别克斯坦，TKM 表示土库曼斯坦）

求量，但由于能源资源有限，塔吉克斯坦能源供给部门属于卖方市场，人口和 GDP 增加并未对实际能源消费量产生显著影响，在技术水平不变、能源使用效率无显著提升、供不应求的情况下，必然出现能源利用的博弈和争夺，加深部门之间、地区之间、城乡之间能源使用的不平等。

　　1991—2019 年，乌兹别克斯坦人口增长率始终为正，1991—1995 年，GDP 增长率为负值，1996 年以后，GDP 增长率变为正值；2000 年以前，电力消费量有增有减，2000 年以后，电力消费量基本处于上升趋势,随人口和 GDP 变化的趋势明显,电力消费量与人口、GDP 变化同步性较好,能源消费量始终有增有减,与人口、GDP 变化的同步性较差。乌兹别克斯坦电力/能源消费-人口弹性系数的绝对值也明显大于电力/能源消费-GDP 弹性系数,人口变化对电力/能源消费量的影响要大于经济增长。因此,乌兹别克斯坦电力供应较好,为居民生活消费和经济增长提供了有力保障,但能源消费量并未随人口和 GDP 增加,有两种可能的原因,一是部分居民未享受到足够的能源供应,二是该国技术水平提升,降低了能源消费量。

1991—2019 年,土库曼斯坦人口增长率始终为正,1998 年以后,GDP 增长率始终为正值;2000 年以前,电力和能源消费量有增有减,2000 年以后,电力和能源消费量均呈现上升趋势,随人口和 GDP 变化的趋势明显,电力和能源消费量与人口、GDP 变化的同步性较好。与塔吉克斯坦、乌兹别克斯坦一致的是,土库曼斯坦电力/能源消费-人口弹性系数的绝对值也明显大于电力/能源消费-GDP 弹性系数,人口变化对电力/能源消费量的影响要大于经济增长。作为能源大国,土库曼斯坦在电力和能源保障方面,基本不存在问题。

综上所述,阿姆河流域沿线国家,从上游至下游,电力和能源供给保障度显著提高,上游发展同时受电力和基础能源的严重制约,中游电力供应安全可靠,能源消费可能存在不平等性,下游电力和能源供给均非常可靠,支撑了人口增长和经济发展,基本确保了人人平等使用能源的权益。

6.3.3　对粮食需求的影响

根据阿姆河流域沿线国家谷物供应-GDP/人口弹性系数及各自的增长率(图 6-7),分析得出如下结论。从弹性系数的数值来看,塔吉克斯坦和乌兹别克斯坦 2000 年以前,均没有明显的规律性,进入 21 世纪以后,谷物供应与人口的弹性系数波动性较大,既有在 0~1 之间的弹性需求,又有大于 1 的完全弹性需求,谷物供应与 GDP 的弹性系数主要在 0~1 之间;1991—2019 年,土库曼斯坦谷物供应与人口的弹性系数始终处于波动状态,既有在 0~1 之间的弹性需求,又有大于 1 的完全弹性需求,谷物供应与 GDP 的弹性系数除部分负值外,主要在 0~1 之间。

分国别来看,1991—2019 年,塔吉克斯坦人口增长率始终为正值,1991—1996 年,GDP 增长率为负值,1997 年之后,GDP 增长率变为正值;谷物供应量有增有减,对应的谷物供应-人口/GDP 弹性系数有正有负,2002 年以后,谷物供应主要呈现增加趋势,弹性系数也以正值为主。1991—2019 年,乌兹别克斯坦人口增长率始终为正,1991—1995 年,GDP 增长率为负值,1996 年以后,GDP 增长率变为正值;谷物供应量有增有减,2001 年后主要呈现增加趋势,对应的谷物供应-人口/GDP 弹性系数有正有负,2001 年后弹性系数以正值为主,乌兹别克斯坦的谷物供应同时受人口和 GDP 影响。1991—2019 年,土库曼斯坦人口增长率始终为正值,1998 年以后,GDP 增长率始终为正值;谷物供应总体上呈现增加趋势,谷物供应与人口的弹性系数以正值为主,谷物供应与 GDP 的弹性系数有正有负,但 2000 年以后,以正值为主。

综上所述,三个国家谷物供应-人口弹性系数的绝对值均明显大于谷物供应-GDP 弹性系数,说明人口对谷物供应的影响更大。虽然已有研究表明,人均 GDP 和粮食需求之间存在一定的关系,并得出了指数型的经验公式(Fukase et al.,2020),但在国家尺度上,阿姆河流域沿线的三个主要国家,谷物供应增长和人口、GDP 增长存在不同步性,人口持续增长、GDP 先减后增,而谷物供应波动性增长,说明居民层面的谷物供应存在不稳定性和不平等性,可能是受居民收入、谷物价格等因素影响,加之供应并不能完全反映需求(饮食习惯影响),导致中亚地区实际谷物供应与 GDP 之间并不存在明显的指数关系。

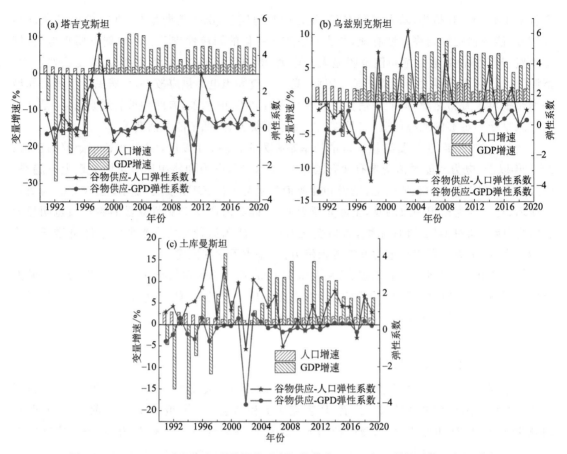

图 6-7　1991—2019 年阿姆河流域沿线国家谷物供应-GDP/人口弹性系数及变量增速

6.4　气候变化和人类活动影响下的水-能源-粮食关联关系评估

6.4.1　研究方法

根据"跳出系统看系统,分析思维与整体思维相结合"的思路,在分析思维的指导下,6.2 节和 6.3 节分别研究了气候变化和人类活动对水资源、能源、粮食供给和需求的影响,本节将在整体思维的指导下,依据第 3 章 3.4.2 节所提出的综合分析指数,开展水-能源-粮食关联关系的变化规律研究。基本思路如下。

(1)收集或估算阿姆河流域沿线三个国家粮食子系统耗能数据、水资源子系统耗能数据、能源子系统耗水数据、粮食子系统耗水数据,分析其变化规律。三个子系统之间相互消耗关系的基本计算公式如下:

① 粮食子系统消耗能源:
$$粮耗能 = 作物种植面积 \times 作物种植亩均能源消耗量 \qquad (6-7)$$

② 水资源子系统消耗能源:
$$水耗能 = 需水量 \times 单位供水量的能源消耗量 \qquad (6-8)$$

③ 能源子系统消耗水资源:
$$能耗水 = 能源的开采生产耗水量 + 电力生产耗水量 \qquad (6-9)$$

$$能源的开采生产耗水量 = 用水定额 \times 能源生产量 \tag{6-10}$$
$$电力生产耗水量 = 不同类型电厂发电耗水定额 \times 发电量 \tag{6-11}$$

④ 粮食子系统消耗水资源：

$$粮耗水 = 作物种植面积 \times 亩均灌溉水量 \tag{6-12}$$

在有实测数据或统计资料时，可直接采用实际利用数据，以上公式主要用于缺资料时的估算。

本节粮耗能计算中，选取中亚阿姆河流域种植面积排在前 4 位的作物：棉花、冬小麦、水稻、玉米；水耗能计算中，结合前述对水资源需求的分析，计算生活供水的耗能量，由于灌溉/工业供水耗能量的估算所需基础数据多，不确定性大，此处未予以考虑；能耗水计算中，考虑了中亚地区主要能源，包括煤炭、石油、天然气、水电生产和发电过程中的耗水量；粮耗水计算中，采用阿姆河流域沿线省区的实际灌溉引水量。阿姆河流域水、能源、粮食之间相互消耗关系的界定、数据来源、计算公式等详见表 6-4。

表 6-4 阿姆河流域 WEF nexus 系统内相互消耗关系计算说明

类别	定义	本研究包含的子类	计算公式或数据来源	计算过程中所需中间数据来源
粮耗能	作物种植、收获过程所消耗的总能源	棉花	全球平均棉花生产的亩均能源消耗量×耕种面积	亩均能源消耗量：Rosa 等（2021）；耕地面积：WUEMoCA（http://wuemoca.net/app/#）
		冬小麦	全球平均冬小麦生产亩均能源消耗量×耕种面积	
		水稻	全球平均水稻生产的亩均能源消耗量×耕种面积	
		玉米	全球平均玉米生产的亩均能源消耗量×耕种面积	
水耗能	水资源提取、处理、供给、再处理等过程中消耗的能源	生活供水	全球平均单位生活供水量的能源消耗量×需水量	单位供水能源消耗量：见 Wakeel 等（2016）的成果；需水量：人均用水定额×人口数量，人均用水定额：见刘爽等（2021）的成果，人口数量：世界银行数据库（https://data.worldbank.org.cn/）
能耗水	化石能源开采与生产所消耗的水资源	煤炭	全球平均单位煤炭开采的耗水量×煤炭生产量	单位化石能源开采耗水量：见 Holland 等（2015）的成果；化石能源生产量：美国能源署（EIA，https://www.eia.gov/）
		石油	全球平均单位石油开采的耗水量×石油生产量	
		天然气	全球平均单位天然气开采耗水量×天然气生产量	
	化石能源发电所消耗的水资源	煤炭	全球平均煤炭发电的耗水量×煤炭类发电厂的发电量	单位化石能源发电耗水量：见 Qin 等（2019）的成果；发电量：世界银行数据库（https://data.worldbank.org.cn/）
		石油	全球平均石油发电的耗水量×石油类发电厂的发电量	
		天然气	全球平均天然气发电的耗水量×天然气类发电厂的发电量	
	水力发电增加损失的水资源	水力发电	单位发电量的耗水量×水力发电量	单位水力发电量的耗水量：Scherer 等（2016）
粮耗水	农作物生产过程中所消耗的水资源	灌溉引水量	用实际灌溉引水量表征粮耗水	CAWater Info（http://www.cawater-info.net/index_e.htm）

由于数据估算存在较大的不确定性,可能无法准确反映阿姆河流域的真实消耗情况,因此根据相关的全球平均数据,本书设定了高消耗、低消耗、中等消耗三种情景,进行分析,以保证结果的相对合理性。高消耗情景:粮耗能、水耗能、能耗水等采用全球平均情况的高消耗数据或低技术水平下的数据;低消耗情景:粮耗能、水耗能、能耗水等采用全球平均情况的低消耗数据或高技术水平下的数据;中等消耗情景:低消耗情景和高消耗情景下的计算参数的中位数。

(2)对水、能源、粮食之间的相互消耗数据,进行归一化处理,按照等权重方法计算水-能源-粮食关联关系综合性指数。

$$\text{WEF 关联关系综合性指标} = W_1 \times \text{粮耗能} + W_2 \times \text{水耗能} + W_3 \times \text{能耗水} + W_4 \times \text{粮耗水}$$

$$(6\text{-}13)$$

(3)采用敏感性系数法计算 WEF 关联关系综合性指数受粮耗能、水耗能、能耗水、粮耗水影响的变化规律。

通过敏感性系数方法,分别确定综合指数对粮耗能、水耗能、能耗水、粮耗水的敏感性及各要素对综合指数变化的贡献率,计算公式如下(郝海超 等,2021;Zheng et al.,2009):

$$\varepsilon = \frac{\overline{X}}{\overline{Q}} \frac{\sum (X_i - \overline{X})(Q_i - \overline{Q})}{\sum (X_i - \overline{X})^2} \tag{6-14}$$

$$\delta = \frac{\Delta x}{\overline{X}} \times \varepsilon \times 100\% \tag{6-15}$$

式中,ε 为 WEF 关联关系综合指数对粮耗能、水耗能、能耗水、粮耗水的敏感系数,即相互消耗关系指标变化1%,引起的综合指数变化为 $\varepsilon\%$;i 表示时间序列的第 i 年;X_i 为相互消耗关系;Q_i 为 WEF 关联关系综合指数;$\overline{X}$,$\overline{Q}$ 分别为相互消耗关系和关联关系综合指数的多年平均值;δ 指相互消耗关系对关联关系综合指数的贡献率;Δx 指相互消耗关系的多年变化量。

6.4.2　水、能源、粮食相互消耗关系分析

6.4.2.1　粮耗能

总体来看,乌兹别克斯坦粮食子系统消耗能源量最大,其1992—2018 年的最低值大于塔吉克斯坦和土库曼斯坦的最高值,乌兹别克斯坦粮食子系统的能源消耗量分别是塔吉克斯坦和土库曼斯坦的2 倍和5 倍左右(图6-8)。从变化趋势来看,1992—2018 年,塔吉克斯坦粮食子系统的能源消耗量先增加后降低,在2004 年达到最大值,2018 年的粮耗能数据已经小于1992 年;乌兹别克斯坦总体呈下降趋势,进入21 世纪后,下降趋势更为明显,2018 年下降至1992—2018 年的最低值;土库曼斯坦总体上呈增加趋势,1992 年的粮耗能是1992—2018 年的最低值。根据箱线图可知,从变化幅度(最大值相对于最小值变化量的百分比)来看,土库曼斯坦变化的相对量最大,三种消耗情景下,变化率均大于50%,塔吉克斯坦次之,三种消耗情景下,变化率均大于45%,乌兹别克斯坦最小,变化率小于35%,但由于消耗量的基数大,从变化绝对量来看,在低消耗、中等消耗和高消耗三种情景下,乌兹别克斯坦变化量均最大,塔吉克斯坦变化量最小。

三个国家粮食子系统的能源消耗量同时受耕地面积总量和主要作物种植面积影响,由于相似的种植结构,三个国家消耗能源的最主要种植作物均为棉花,其次为小麦。总体而言,三种情景下,1992—2018 年,棉花耗能量占比呈现下降趋势,小麦耗能量占比呈现上升趋势。相对于低耗能情景,高耗能情景下,棉花耗能占比下降,小麦耗能占比上升,其原因在于两种情景

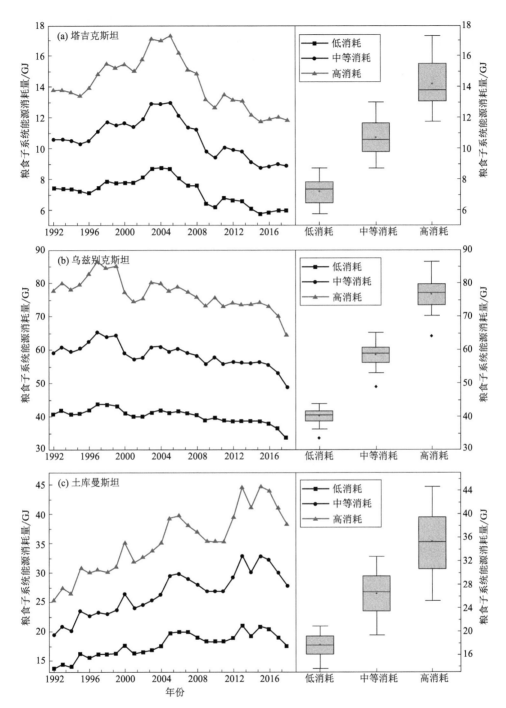

图 6-8　1992—2018 年阿姆河流域沿线国家粮食子系统消耗能源情况

下,棉花的亩均耗能量变化率仅为 66%,而小麦的亩均耗能量变化率高达 132%。由此可见,不考虑其他因素,对于阿姆河流域,如果想降低粮食系统的能源消耗量,有两种方法:一是降低棉花种植面积,二是提高小麦种植的农业机械利用水平,减少亩均能耗。

6.4.2.2　水耗能

从全球平均情况来看,供水的单位能源消耗量差异极大,最低仅约为 0.0002 kWh/m³,最高可达 1.74 kWh/m³ 左右(Wakeel et al.,2016),因此,三种情景下,阿姆河流域三个国家的水资源系统耗能量差异均很大(图 6-9)。国家之间对比而言,乌兹别克斯坦生活供水的耗能量最大,分别为土库曼斯坦和塔吉克斯坦的 5 倍和 4 倍左右,与三个国家的人口分布情况一致。随着人口增加,水资源需求量不断增加,从 1992 年到 2018 年,三个国家水资源系统耗能量均呈现明显的上升趋势,乌兹别克斯坦的绝对增加量最大,塔吉克斯坦次之,土库曼斯坦最小,就变化率而言,三个国家增加率均在 50% 以上,塔吉克斯坦最高(大于 60%)。

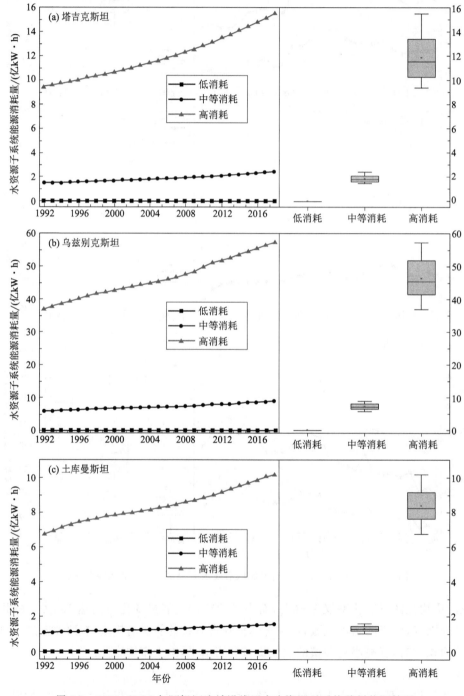

图 6-9　1992—2018 年阿姆河流域沿线国家水资源子系统消耗能源情况

水资源系统的能源消耗量同时受人口总量和城镇人口比例影响,塔吉克斯坦农村地区用水的耗能量始终为城镇地区的 2 倍以上,且 1992—2018 年,其农村地区供水耗能占比略有上升;2002 年之前,乌兹别克斯坦农村地区用水的耗能量大于城镇地区,2003 年开始转变为城镇地区大于农村地区;土库曼斯坦与乌兹别克斯坦情况相似,区别在于转折点(2007 年)晚于乌兹别克斯坦。

6.4.2.3　能耗水

总体而言,塔吉克斯坦和乌兹别克斯坦能源系统的水资源消耗量相差不大,是土库曼斯坦能耗水的 2~4 倍(图 6-10)。1992—2018 年,塔吉克斯坦能源系统的水资源消耗量先降低后增加;乌兹别克斯坦呈现先降低、后增加、再降低、最后增加的变化趋势;土库曼斯坦呈现先降低后增加的变化趋势。塔吉克斯坦化石能源匮乏,化石能源开采生产与发电过程所需的水资源量相对较少,其能源系统的水资源消耗量主要在于,为实现水力发电而建设水库,从而增加的水资源蒸发量。该数据采用相关文献的经验值(Scherer et al.,2016),三种消耗情景下,塔吉克斯坦能源系统的水资源消耗量基本不变。从变化的绝对量来看,乌兹别克斯坦最大,就变化的相对量而言,土库曼斯坦明显大于另外两个国家,是乌兹别克斯坦的 3 倍左右。与直观认识不同的地方在于,根据 1992—2018 年的平均情况,阿姆河流域化石能源大国土库曼斯坦的能源系统耗水量是三个国家中最低的,推测可能是因为水力发电耗水量较大引起的,水力发电耗水在阿姆河流域水与能源的物质消耗关联关系中,具有重要影响。

6.4.2.4　粮耗水

粮食系统的水资源消耗量采用的阿姆河沿线地区(表 4-4)的实际灌溉取水量数据。因此,没有划分低消耗、中等消耗、高消耗三种情景。总体而言,乌兹别克斯坦和土库曼斯坦的农业取水量变化趋势基本一致,总量是塔吉克斯坦的 2.5 倍左右(图 6-11)。1992—2018 年,乌兹别克斯坦和土库曼斯坦农业取水量略有下降,2001 年达到最低值;而塔吉克斯坦略有上升,基本维持在 80 亿 m^3 左右,2018 年达到最大值。乌兹别克斯坦和土库曼斯坦农业取水量变化的绝对量和相对量差异不大,均明显大于塔吉克斯坦。由此可以看出,苏联解体至今,阿姆河流域实际农业取水的总量和相对格局并未发生显著变化。

6.4.3　水-能源-粮食关联关系综合指数

为同时分析三个国家水-能源-粮食关联关系综合指数的变化趋势和相对格局,分别根据 1992—2018 年单一国家和三个国家合计的粮耗能、水耗能、能耗水、粮耗水数据,进行归一化处理,进而计算关联关系综合指数。总体而言,三种情景下,三个国家的水-能源-粮食关联关系综合指数均呈上升趋势(图 6-12)。土库曼斯坦综合指数增加最为明显,在低消耗情景下,从 1992 年的 0.32 增加到 2018 年的 0.78。从变化率来看,根据 1992—2018 年三个国家关联关系综合指数的最大值和最小值对比,土库曼斯坦变化率高达 300%,塔吉克斯坦为 200%,乌兹别克斯坦为 140%,中等消耗情景、高消耗情景与低消耗情景的变化趋势和变化量基本一致。从国家的对比而言,乌兹别克斯坦水、能源、粮食之间的关联关系综合指数最高,是塔吉克斯坦和土库曼斯坦的 2~3 倍,土库曼斯坦略高于塔吉克斯坦,说明乌兹别克斯坦水、能源、粮食关联关系最为复杂,与第 5 章结论一致。

将数据划分为 1992—1999 年、2000—2018 年和 1992—2018 年,分析不同时期,各个国家不同要素对水-能源-粮食关联关系敏感性[图 6-13(彩)]的变化规律。整体来看,1992—2018

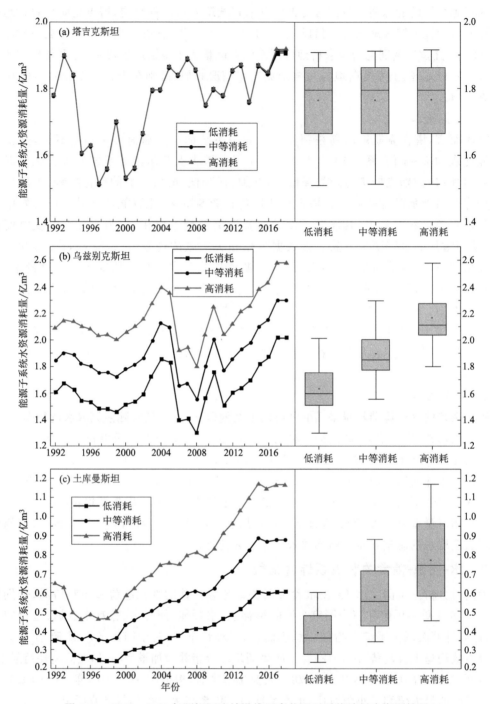

图 6-10　1992—2018 年阿姆河流域沿线国家能源子系统消耗水资源情况

年,塔吉克斯坦敏感度较高的要素为能耗水,土库曼斯坦敏感度较高的要素为粮耗水和能耗水,乌兹别克斯坦敏感度较高的要素为粮耗能和水耗能。从 1992—1999 年到 2000—2018 年,塔吉克斯坦最敏感的要素从粮耗能转变为能耗水;1992—1999 年,土库曼斯坦粮耗能、水耗能、能耗水、粮耗水的敏感性均较高,其中能耗水敏感性系数为负,2000—2018 年,粮耗能、水耗能、粮耗水的敏感性系数均明显降低,能耗水敏感性系数由负转正;从 1992—1999 年到 2000—

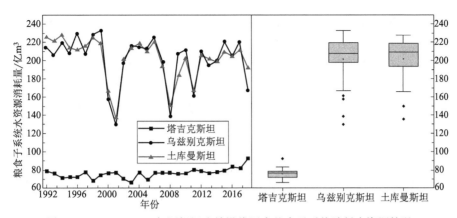

图 6-11　1992—2018 年阿姆河流域沿线国家粮食子系统消耗水资源情况

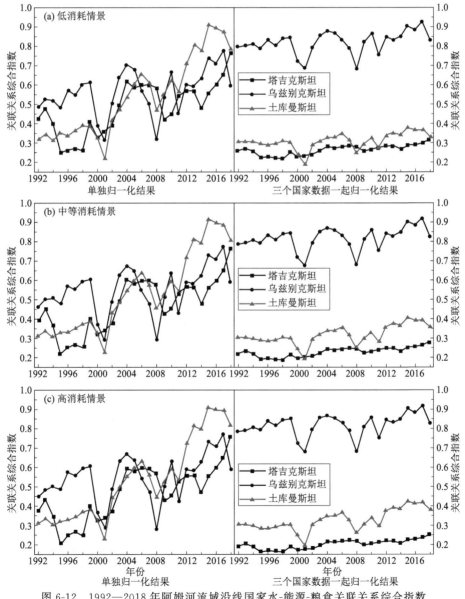

图 6-12　1992—2018 年阿姆河流域沿线国家水-能源-粮食关联关系综合指数

2018 年,乌兹别克斯坦敏感性较高的要素始终为水耗能和粮耗水,但粮耗能和能耗水的敏感性也明显增加。2000 年前后的转变反映了在经济社会和气候变化的影响下,阿姆河流域水-能源-粮食关联系统影响因素对其敏感性的变化,为了充分利用水电资源,保障国家能源安全,塔吉克斯坦能耗水变得越来越重要,化石能源大国土库曼斯坦的能耗水对 WEF nexus 系统的影响也在变大,作为区域农业生产大国,粮耗水始终对乌兹别克斯坦的 WEF nexus 系统具有重要影响。

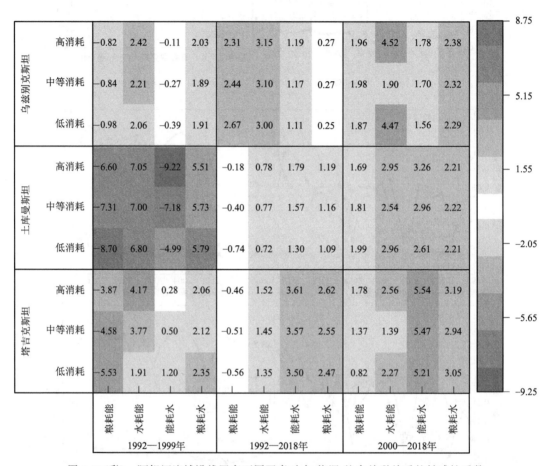

图 6-13(彩)　阿姆河流域沿线国家不同要素对水-能源-粮食关联关系的敏感性系数

将数据划分为 1992—1999 年、2000—2018 年和 1992—2018 年,分析不同时期,各个国家不同要素对水-能源-粮食关联关系贡献率[图 6-14(彩)]的变化规律。整体来看,1992—2018 年,塔吉克斯坦贡献率较高的要素为能耗水和水耗能,土库曼斯坦贡献率较高的要素为能耗水、水耗能和粮耗能,乌兹别克斯坦贡献率较高的要素为粮耗水和能耗水。从 1992—1999 年到 2000—2018 年,塔吉克斯坦、土库曼斯坦和乌兹别克斯坦不同要素对水-能源-粮食关联关系强度的贡献率均呈现增加趋势,根据贡献率的计算公式可知,其原因在于 2000 年以前,水、能源、粮食相互消耗关系的变化相对于关联关系综合指数较小,2000 年以后,相互消耗关系变化较为明显。分国家而言,从 1992—1999 年到 2000—2018 年,塔吉克斯坦贡献率最高的要素从粮耗能转变为能耗水,且能耗水、水耗能、粮耗水的贡献率均显著增加;土库曼斯坦水耗能、粮耗水、粮耗能、能耗水的贡献率均显著增加,其中能耗水贡献率增加最为明显;乌兹别克斯坦粮耗能、粮耗水、能耗水、水耗能的贡献率均显著增加,贡献率最高的两个要素为粮耗能和粮耗水。

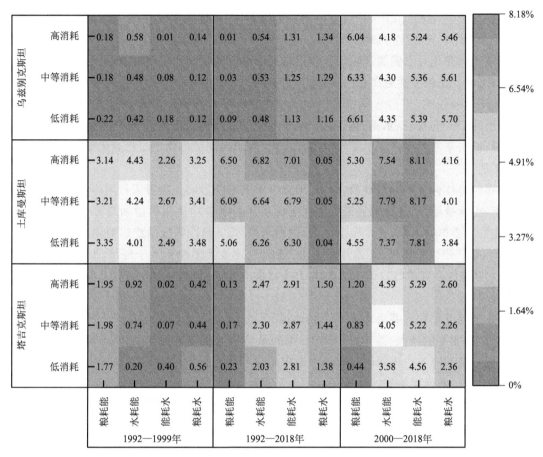

图 6-14(彩)　阿姆河流域沿线国家不同要素对水-能源-粮食关联关系的贡献率

综合敏感性和贡献率来看,所得结果与各个国家的实际情况、本书第 5 章的结论基本相符,塔吉克斯坦和土库曼斯坦的 WEF nexus 系统中最重要的子系统为能源子系统,不同要素的敏感性和贡献率 2000 年前后虽然有变化,但始终是以能源系统为核心;水资源虽然是影响乌兹别克斯坦 WEF nexus 系统的主要因素,但其主要受农业用水影响,农业生产又消耗能源,三者关系最为复杂。

6.5　本章小结

本章在第 5 章的基础上,采用贝叶斯网络模型,分析了中亚地区整体的经济社会-气候变化与 WEF nexus 系统的关系;通过统计、遥感、文献、估算等获得了阿姆河流域的气候、经济社会、水、能源、粮食相关数据,全面分析了阿姆河流域气象要素变化和经济社会发展对水、能源、粮食供需的影响;创建了阿姆河流域粮食-能源、水-能源、粮食-水相互消耗关系数据集;基于3.4.2 节提出的关联关系综合指数,分析了人类活动和气候变化影响下,阿姆河流域水、能源、粮食相互消耗关系变化规律,以及 WEF nexus 系统内关联关系变化规律及原因。得出如下基本认识。

(1)在中亚地区经济社会-气候变化与 WEF nexus 系统的关系方面。经济发展暂未对水、能源、粮食的利用效率和供给公平性产生显著影响,人口数量和结构变化直接作用于水、能源、粮食需求,是影响 WEF nexus 系统安全的重要因素,气候要素从供给侧对区域水资源安全和粮食安全产生了一定程度的影响。

(2)在气候变化对水资源、能源、粮食供给的影响方面。相对于气温变化,目前阿姆河上游径流量与降水变化相关性更高;气候变化暂未对阿姆河流域水电潜力产生较大影响,受灌溉取水等人类活动的影响,下游水电潜力波动大于上游;阿姆河流域灌溉农业发达,2001—2018年,月尺度的 DSI 与棉花、水稻、冬小麦气候产量相关性较差,推测作物产量尚未受到干旱的显著影响,但未来随着水资源供需矛盾更加突出,阿姆河流域作物产量受到干旱影响的可能性将不断增加。

(3)在经济社会发展对水资源、能源、粮食需求的影响方面。随着人口增多,阿姆河流域塔吉克斯坦、土库曼斯坦、乌兹别克斯坦潜在居民生活需水量均呈明显增加趋势,人口是生活需水量变化的重要影响因素;三个国家电力/能源消费-人口弹性系数的绝对值均明显大于电力/能源消费-GDP 弹性系数,人口变化对电力/能源消费量的影响要大于经济增长;三个国家谷物供应-人口弹性系数的绝对值也明显大于谷物供应-GDP 弹性系数,说明人口对谷物供应的影响更大。

(4)在气候变化和人类活动影响下的水-能源-粮食关联关系变化方面。乌兹别克斯坦粮食子系统消耗能源量最大,其 1992—2018 年的最低值大于塔吉克斯坦和土库曼斯坦的最高值,粮食子系统的能源消耗量同时受耕地面积总量和作物种植结构的影响;1992—2018 年,三个国家水资源子系统耗能量均呈现明显的上升趋势,乌兹别克斯坦的绝对增加量最大,塔吉克斯坦次之,土库曼斯坦绝对增加量最小;塔吉克斯坦和乌兹别克斯坦能源子系统的水资源消耗量相差不大,是土库曼斯坦的 2~4 倍;乌兹别克斯坦和土库曼斯坦的农业取水量变化趋势基本一致,总量是塔吉克斯坦的 2.5 倍左右,苏联解体至今,阿姆河流域农业取水总量和相对格局并未发生显著变化。1992—2018 年,三个国家水-能源-粮食关联关系的综合指数均呈上升趋势,土库曼斯坦增加最明显;乌兹别克斯坦水、能源、粮食之间的关联关系最强,综合指数是塔吉克斯坦和土库曼斯坦的 2~3 倍。

第 7 章　中亚阿姆河流域 WEF nexus 系统与生态环境的交互作用研究

　　水-能源-粮食关联系统作为一个整体,在气候变化和人类活动的综合影响下,也对其所处的环境具有反馈和塑造作用。WEF nexus 系统与环境的交互作用研究,既是以系统科学思维开展 WEF nexus 系统研究的必然要求,也是 WEF nexus 系统研究的重要落脚点和实践应用方向,还可为系统管理目标制定、管理措施调整、优化利用等提供依据。在前述系统解析(第 2 章)和分析方法(第 3 章)研究的基础上,本章以中亚典型流域阿姆河流域为例,考虑干旱区生态环境的重要性和脆弱性,水文水资源子系统在中亚水-能源-粮食关联系统中的核心作用(第 5 章和第 6 章),以水质(水体盐度)为生态环境的表征,收集了阿姆河沿线 12 个站点 1970—2015 年的水化学和流量数据。首先,采用 Piper 图和统计指标,对水质类型、水体盐度及流量的时空变化特征进行了分析;其次,由于数据限制,综合理论知识和技术方法(相关分析、一般双曲线模型、随机森林)开展了 WEF nexus 系统与水体盐度的关系分析工作;最后,构建了 WEF nexus 系统影响下的阿姆河流域淡水盐化的概念性模型,并解析了其对水资源、能源、粮食等区域可持续发展目标的影响。本章围绕中亚非常典型、研究基础较好的水体盐度升高(淡水盐化)问题开展分析,确保有足够的相关知识验证方法的有效性、结果的合理性,通过本章的分析工作,实现了“系统总体状态和关联关系(第 5 章)—系统驱动机制(第 6 章)—系统外部性影响(第 7 章)”完整的 WEF nexus 系统案例研究。在实践价值上,以新的视角重新解析了中亚地区长期存在的淡水盐化问题,为长期(年际)和短期(年内)水体盐度治理重点选择提供了依据。

7.1　生态环境代表性指标选择与研究方法

7.1.1　生态环境代表性指标选择

　　水资源是维系干旱区生态环境良好的最基本要素之一,有水的地方就有生命,因此水生态是干旱区生态环境最重要的组成部分之一,而水生态又受到水质的直接影响,其中,盐度是表征地表水和地下水质量的一个重要参数,由溶解在水中的无机离子的总浓度来衡量(Cañedo-Argüelles et al.,2013)。淡水盐化是由淡水中的离子浓度增加引起的(Cañedo-Argüelles,2020),包括初生盐化和次生盐化,初生盐化主要是水体中发生的自然过程,而次生盐化主要是由人类活动引起的,如灌溉农业。在气候变暖和人类活动强度日益增加的背景下,淡水盐化正逐步成为严重的全球性问题(Cañedo-Argüelles,2021;Cunillera-Montcusí et al.,2022;Thorslund et al.,2021)。淡水盐化在中亚和世界上大多数干旱半干旱地区(如非洲和南美洲)均非常严重,淡水盐化导致的水资源可利用量减少和水质恶化问题,会对河流水生生态系统和河岸带生态系统、人类健康和经济社会发展造成巨大威胁(Karthe et al.,2017;Waehler et al.,2017)。在气候变化的影响下,1951—2007 年,阿姆河流域径流量出现了下降趋势(Wang et al.,2016),河流流量减少进一步加剧了淡水盐化问题,特别是在阿姆河流域下游和三角洲地区(Ahrorov et al.,2012；Gaybullaev et al.,2012)，并带来了严重的生态环境问题，淡水生态系统的生物多样性和生态系统功能被严重破坏(Gozlan et al.,2019)，当地的渔业几乎消亡，引发了失业和贫困问题(Karimov et al.,2005)。

综上所述，由于气候变化影响，淡水盐化正逐步成为全球水资源和生态环境研究的热点问题之一，水体盐度升高又是阿姆河流域生态环境问题的重要表现形式，为此，本书以水体盐度为表征，研究阿姆河流域 WEF nexus 系统与生态环境的交互作用。

7.1.2　研究方法

7.1.2.1　数据处理方法

Pauta 准则可以在置信概率为 99.7％的条件下发现异常值(Li et al.,2016)，使用 Pauta 准则(3σ)对月尺度水化学数据(4.2.3节)进行预处理，舍弃数据误差超过 3σ 的异常值。

Pauta 准则的计算步骤如下(Yao et al.,2007)：

(1)计算离散样本数据的平均值

$$x = \frac{1}{N}\sum_{i=1}^{N} x_i \tag{7-1}$$

式中，N 是样本数量；x_i 代表第 i 个样本；x 是样本的平均值。

(2)计算每个样本的残余误差

$$V_i = x_i - x \tag{7-2}$$

式中，V_i 是残余误差。

(3)计算标准差

$$\sigma = \sqrt{\frac{\sum_{i=1}^{N} V_i^2}{N-1}} \tag{7-3}$$

式中，σ 是标准差。

(4)识别异常值，$V_i > 3\sigma$

7.1.2.2　关系分析方法

(1)相关分析

如前所述(3.3.1.2节)，Spearman 等级相关系数是分析两个变量之间相关性的方法，对变量的频率分布没有要求，可以很好地识别非线性关系。本章用其探索河流水体盐度和流量之间的关系。

(2)一般双曲线模型

河流水体盐度和流量的量化关系可以用一般双曲线模型量化描述，数学形式如下(Crosa et al.,2006)：

$$M_i = aQ_i^b \tag{7-4}$$

式中，M_i 代表河水的盐度；Q_i 代表流量；系数 a 反映基流对河水盐度的影响；系数 b 反映稀释作用对河水盐度的影响。在一定的流量水平下，参数 a 和 b 的值越高，河流的盐化程度越高。

(3)随机森林模型

如前所述(3.3.4.1节)，作为一种成熟的机器学习算法，随机森林模型已经被成功用于分析淡水演化问题的关键影响因素识别，随机森林模型包括分类模型和回归模型，其中，回归模型在关联关系分析、识别自变量对因变量影响的重要程度上，具有较好的适用性(Thorslund et al.,

2021)。为此,本章使用随机森林模型来研究 WEF nexus 系统中水资源、能源、粮食相关要素对水体盐度变化的作用程度,分析阿姆河流域水量、水电利用、农业生产对淡水盐化影响的差异。

7.2　阿姆河水质类型及水体盐度-流量时空分布特征

7.2.1　水质类型时空分布特征

水体盐度是水中离子的总和,水质类型由水体中离子占比差异决定,进行水质类型的分析,作为阿姆河流域水质的基本背景知识。舒卡列夫(Shukalev)分类法是进行水化学类型划分的典型方法,Piper 三线图可用于展示水体中主要离子的含量对比情况,为水质类型划分提供依据,本书据此对阿姆河河水的水化学类型进行分析。

总体而言,阿姆河河流的水质类型沿程没有明显的差异,从上游站点到下游站点,Na^+ 的占比呈增加趋势(Karimov et al.,2019),20 世纪 90 年代后的水体碱度略高于 90 年代以前[图 7-1(彩)]。具体而言,20 世纪 70—80 年代,阿姆河河水中主要阳离子是钠离子,主要阴离子是硫酸盐,站点 M1、M4、M5、M6 和 M7 的水化学类型是 $Na+Ca+Mg-SO_4+Cl$,M8 的水化学类型是 $Na-SO_4+Cl$,M2 和 M3 的水化学类型是 $Na+Ca+Mg-HCO_3+SO_4+Cl$。1990—

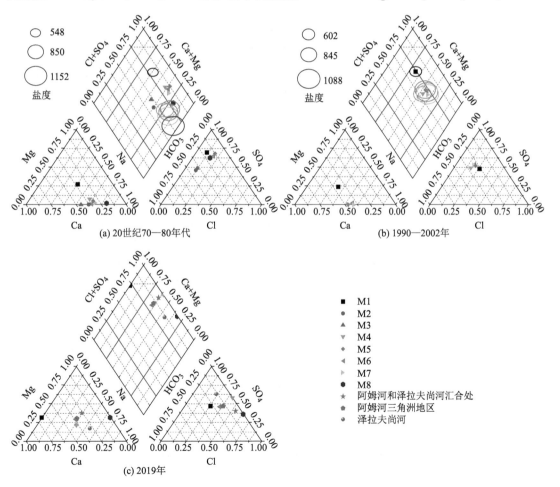

图 7-1(彩)　20 世纪 70—80 年代(a)、90 年代—2002 年(b)和 2019 年(c)阿姆河沿线水化学特征分布图

2002 年,主要阳离子依然是钠离子,但钙离子含量有所增加(两种离子的相对含量开始接近),主要阴离子依然是硫酸盐(中性盐离子),但碳酸氢盐(碱性盐离子)有所增加(两种离子的相对含量开始接近),水体碱度升高,站点 M1、M4、M5、M6 和 M7 的水化学类型为 Na＋Ca＋Mg-HCO_3＋SO_4＋Cl。2019 年,站点 M4、M6、M8、阿姆河和泽拉夫尚河(Zeravshan)的汇合处、阿姆河三角洲多站点平均、泽拉夫尚河多站点平均的水化学类型为 Na＋Ca＋Mg-SO_4＋Cl(Karimov et al.,2019)。

站点位置和数据信息见附录。站点 M1、M4 和 M6 的数据引自 2019 年 4 月的现场采样活动(Leng et al.,2021),站点 M8、ADR 和 ZR 的汇合处、ADD 平均值和 ZR 平均值的数据来自 2019 年 8 月的现场采样活动(Zhan et al.,2022)。ADD 表示阿姆河三角洲地区,ZR 表示泽拉夫尚河(Zeravshan),位于阿姆河右岸,目前未直接汇入阿姆河。

7.2.2 水体盐度-流量变化特征

7.2.2.1 年际变化特征

根据 1970—2002 年的月度数据,分析了该时间段内阿姆河流域水体盐度、流量的变化特征,盐度和流量的统计值见附录。总体而言,20 世纪 70 年代,阿姆河有 8 个站点的平均水体盐度低于 1000 mg/L;70—80 年代,河水盐度呈现明显的上升趋势[图 7-2(彩)]。在 80 年代,共有三个站点的平均水体盐度高于 1000 mg/L,其中,站点 M5 约为 1038 mg/L、M6 约为 1110 mg/L、M7 约为 1128 mg/L,站点 M4 的盐度也非常接近 1000 mg/L,约为 922 mg/L;从 80 年代到 90 年代,河水盐度保持相对稳定,站点 M5、M6 和 M7 的平均水体盐度分别为 1007 mg/L、1018 mg/L 和 983 mg/L;从 90 年代到 21 世纪前 10 年,站点 M4、M6 和 M7 的河水盐度再次出现了上升趋势,在 2000—2002 年,站点 M4、M6、M7 的平均河水盐度都高于 1000 mg/L,分别为 1009 mg/L、1211 mg/L、1560 mg/L。从空间分布上看,从上游到下游,河流水体盐度呈现明显的沿流程增加模式,咸水(盐度高于 1000 mg/L)主要在下游,上游站点 M1 的水体盐度是最低的,从 20 世纪 70 年代到 21 世纪前 10 年,始终低于 1000 mg/L。

在过去的近 50 年间,阿姆河流量整体呈现下降趋势,特别是在下游地区[图 7-2(彩)]。比如,站点 M4 的平均流量从 20 世纪 70 年代的 962 m^3/s 下降到 21 世纪前 10 年的 307 m^3/s,M6 的平均流量从 70 年代的 481 m^3/s 下降到 21 世纪前 10 年的 62 m^3/s,M7 的平均流量从 20 世纪 70 年代的 595 m^3/s 下降到 21 世纪前 10 年的 28 m^3/s。空间上看,与下游相比,上游站点的流量变化相对较小,比如,上游站点 M1(位于 Surkhandarya 河),平均流量从 20 世纪 70 年代的 220 m^3/s 下降到 21 世纪前 10 年的 204 m^3/s。此外,在中下游地区,由于农业取水活动,从下游站点 M4 到 M6,平均流量从 1026 m^3/s 下降到了 272 m^3/s,沿程 228 km,流量下降了 74%。

根据 2000—2015 年的站点水体盐度年平均数据(图 7-3),分析该时间段内的水体盐度变化规律。总体而言,2000—2010 年,站点 M6 的水体盐度最高,从 2000 年到 2010 年,站点 M6 的水体盐度呈现了明显的下降趋势,2008 年以后,降低至 1000 mg/L 以下;2000—2015 年,站点 S2(位于 Kafirnigan 河)的水体盐度也呈现出下降趋势。相较而言,站点 M2 和 S1 的河水盐度呈现了上升趋势,到 2015 年,M2 和 S1 的河水盐度几乎达到 1000 mg/L。2000—2015 年,站点 M3、M4、S4(位于 M2 和 M3 之间)和 S3(位于 Surkhandarya 河)的河水盐度没有明显的变化趋势,M3、M4、S4 和 S3 站点的水体盐度基本维持在 1000 mg/L 及以下,符合饮用水和灌溉水的水质要求,其中站点 S3 盐度最低,2000—2015 年的年平均水体盐度低于 600 mg/L。

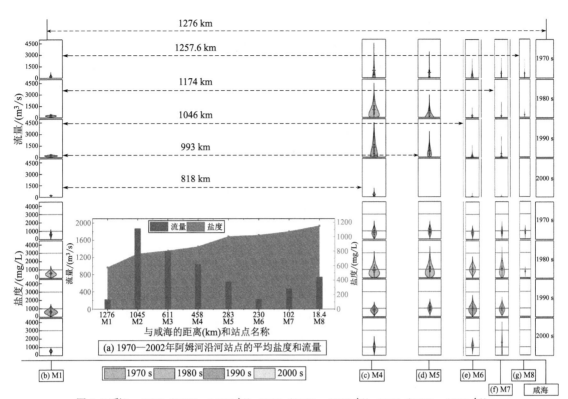

图 7-2(彩)　1970s(1970—1979 年)、1980s(1980—1989 年)、1990s(1990—1999 年)、
2000s(2000—2002 年)阿姆河流量和盐度的空间分布模式

从上游到下游沿河站点依次标注在 X 轴上,分别为:M1(b)、M4(c)、M5(d)、M6(e)、M7(f)和
M8(g)。盐度介于 1000~3000 mg/L 为咸水,上下限值以蓝色实线在图中标注

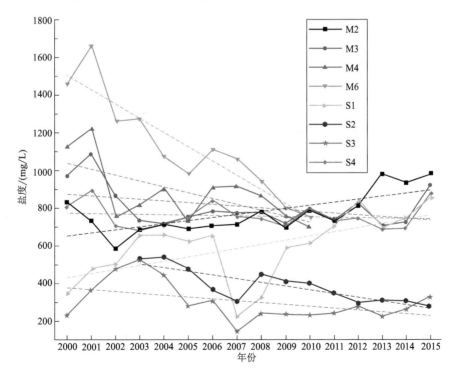

图 7-3　2000—2015 年阿姆河水体盐度变化趋势

7.2.2.2 年内变化特征

阿姆河流量季节性变化规律非常明显,最高月流量出现在夏季(6—8月),最低月流量基本出现在冬季(12月—次年2月),如站点M1、M4、M5和M6(图7-4)。除站点M1(2月)和M4(3月)外,月平均盐度最高值均出现在4月,除站点M1(11月)外,月平均盐度最低值基本出现在7—9月。就空间分布而言,盐度最高值出现在下游站点M7(3795 mg/L),从上游站点M1到下游站点M7,1970—2002年的月平均盐度增加了80%,沿程1174 km,盐度从595 mg/L增加到1073 mg/L。1970—2002年,阿姆河沿线站点的月平均盐度最高值波动范围分别为

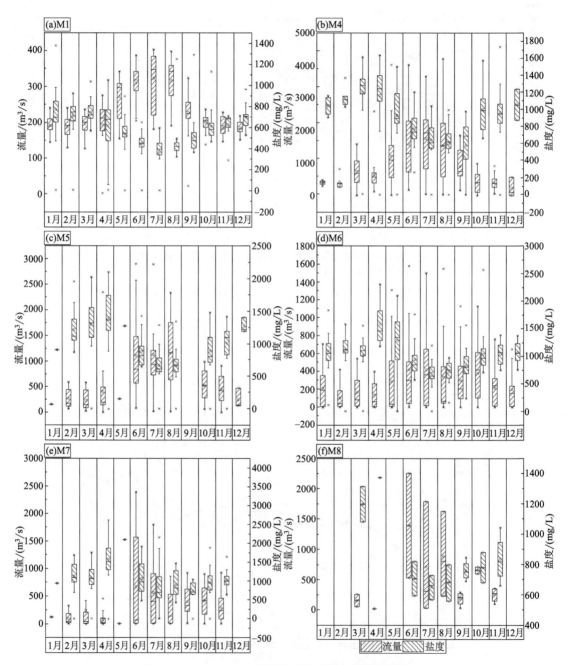

图7-4　1970—2002年阿姆河水体盐度和流量年内分布

596～1378 mg/L（M1）、980～1737 mg/L（M4）、911～2105 mg/L（M5）、982～2574 mg/L
（M6）、942～3796 mg/L（M7）和 724～1371 mg/L（M8）。

虽然所有站点的月平均水体盐度和流量均呈现负相关关系，但从上游到下游，二者之间负
相关关系逐渐变弱，上游站点（M1）负相关关系最为明显，下游站点（M8）负相关关系非常不明
显。此外，从中下游分界站点 M4 到下游站点 M7，距离间隔了 356 km，水体盐度最高值增加
了约 1 倍，但流量并没有同比例变化，减少了不到一半。说明中下游地区水体盐度-流量关系
受外界因素干扰明显。

7.3　阿姆河流域水-能源-粮食关联系统对水体盐度的影响分析

7.3.1　水体盐度影响因素综述

以上分析表明，空间上，阿姆河水体盐度沿程增加，时间上，20 世纪 70—90 年代，河水盐
度呈现明显的上升趋势，2000 年以后逐渐下降，盐度和流量之间存在明显的负相关，在高流量
时期尤为明显。河流水的化学成分一般由大气降水、蒸发-结晶过程和岩石的主要类型控制
（Gibbs，1970）。阿姆河流域西北部（中下游）的蒸发量明显高于东南部（上游）的蒸发量，因此，
从空间上看，对于中亚干旱区的河流，由于蒸发不断增加，河水中离子沿程不断累积增加，导致
中下游地区严重的淡水盐化问题（Cañedo-Argüelles，2020）；从时间上看，1960—2017 年，阿姆
河流域的潜在蒸散以 11 mm/（10 a）的速度增加（Hu et al.，2021），持续的变干趋势也是造成
阿姆河流域淡水盐化的重要原因。在雨季，河流的盐度会通过稀释作用而降低（Cañedo-
Argüelles，2020；Thorslund et al.，2021）。一般而言，降水多的地方水体盐度也会降低。从空
间来看，阿姆河流域的降水主要集中在上游地区，上游水体盐度也较低；从时间上看，1960—
2017 年，除西南部外[约一10 mm/（10 a）]，阿姆河流域年降水量呈现上升趋势[3 mm/（10 a）]
（Hu et al.，2021），有可能会降低水体盐度。总体而言，降水的稀释作用和蒸散的富集作用是影响水
体盐度的一对反作用力，然而，20 世纪 70—90 年代，阿姆河水体盐度并没有下降，推测可能是因为
降水增加对河水盐度的稀释作用小于蒸散增加的富集作用和人类活动的影响。

除自然因素外，人类活动强度增加也可能引起淡水盐化，1960—2020 年，阿姆河流域沿线
的阿富汗、塔吉克斯坦和乌兹别克斯坦人口密度均增加了约 3 倍；过去 50 年间，虽然阿姆河流
域城市和耕地面积没有显著的增加趋势（Shi et al.，2021；Yapiyev et al.，2021），但 20 世纪
70—80 年代以后，阿姆河流域农业活动强度明显增加，如高耗水作物（棉花）种植面积增加，农
药和化肥使用增加（Shi et al.，2021；Törnqvist et al.，2011；Yapiyev et al.，2021）。此外，农业
灌溉的回流水会携带大量溶质进入河流，土壤洗盐活动虽然缓解了土壤盐渍化问题，但由此引
发的排水也增加了水体盐化问题。从 1991 年到 2010 年，阿姆河流域中下游地区灌溉面积基
本保持稳定，取水量略有下降，与之对应的，阿姆河流域大多数站点的水体盐度也呈现下降趋
势。因此，农业活动可能是造成阿姆河流域淡水盐化的最重要原因（Crosa et al.，2006；Kari-
mov et al.，2019；Lobanova et al.，2019；Rakhmatullaev et al.，2010；Yapiyev et al.，2021）。

7.3.2　WEF nexus 系统对阿姆河水体盐度的影响分析

水体盐度同时受自然条件（气候特征、土壤特征等）和人类活动（水资源利用、农业生产等）
的影响，以上定性的机理分析表明，阿姆河水体盐度主要受流量（短期）和人类活动（长期）的影

响,水资源是中亚 WEF nexus 系统的核心,为此,本节首先量化分析了水体盐度与流量的关系,然后,使用随机森林模型分析了 WEF nexus 系统中水、能源、粮食相关要素对水体盐度的影响程度差异。

7.3.2.1 流量对水体盐度的影响

全年来看,站点 M1 和 M4,20 世纪 70—80 年代的河水盐度与流量的相关系数高于 1990—2002 年,站点 M5 和 M6 的情况与之相反[图 7-5(彩)]。总体而言,生长季(高流量时期)的河水盐度与流量的相关系数大于非生长季(低流量时期)。阿姆河流域水体盐度与流量的关系具有沿程变化的规律(图 7-6)。对于站点 M4 和 M6,一般双曲线模型中的系数 b 明显高于其他站点,表明 20 世纪 70—80 年代和 1990—2002 年,稀释作用始终对这两个站点的水体盐度变化起着主导作用;空间对比来看,上游站点 M1、M2 和 M3,基流效应超过了稀释效应(a 的值较大),中下游站点 M4、M6、M7 和 M8,稀释效应超过了基流对河水盐度的影响(b 值较高),站点 M5 基流和稀释作用对河水盐度的影响基本相当。与 20 世纪 70—80 年代相比,1990—2002 年,站点 M1 和 M4 的基流对河水盐度的影响降低,与之相反的是,站点 M5、M6 和 M7 的基流对河水盐度的影响呈现上升趋势。因此,尽管过去几十年河水盐度的增加主要是由人类活动引起的,但河水盐度的季节性变化依然是由河流流量的稀释效应控制的。

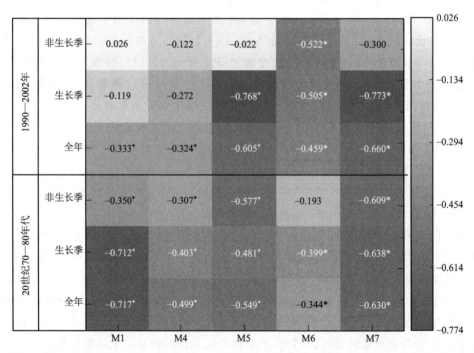

图 7-5(彩) 站点 M1、M4、M5、M6 和 M7 的河水盐度与流量之间的 Spearman 等级相关系数
("∗"表示 p 值小于 0.05 的相关关系)

7.3.2.2 WEF nexus 系统要素对水体盐度的影响

根据前述分析,参考相关文献(Thorslund et al.,2021),考虑数据的可获得性,筛选出水资源、能源、粮食子系统的要素(表 7-1),以水体盐度表征生态环境,采用随机森林模型,开展 WEF nexus 系统对水体盐度的影响分析,数据的时间序列为 1991—2010 年,时间精度为年平均值,由于上游、中游和下游的可用数据不一致,具体所用到的变量如下。

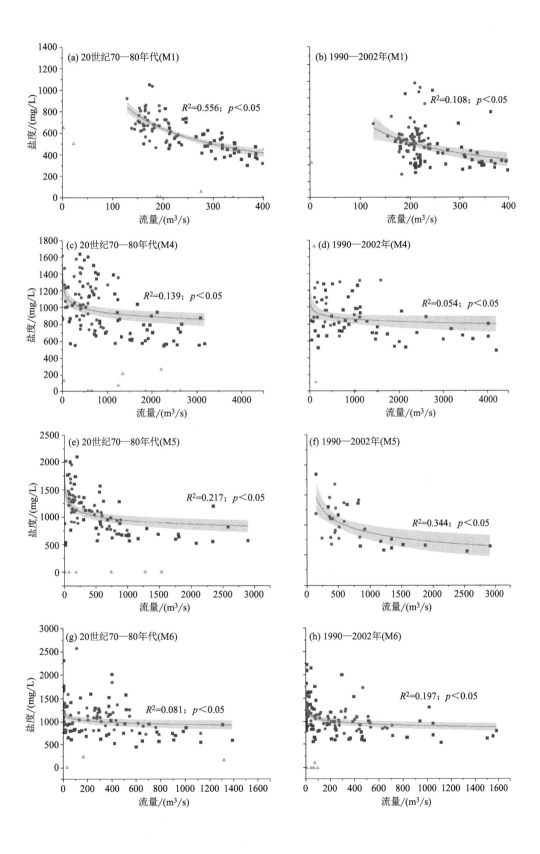

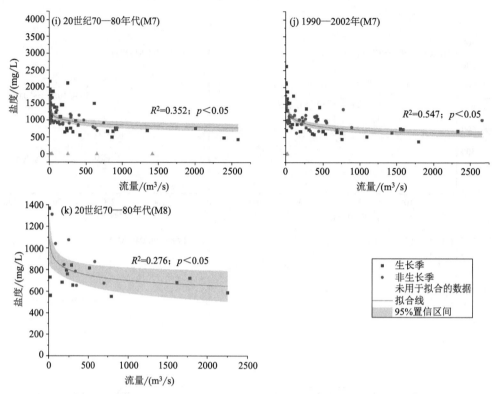

图 7-6 20 世纪 70—80 年代和 1990—2002 年站点 M1、M4、M5、M6、M7 和 M8 的河水盐度-流量关系

生长季节(4—9 月)是一年中农作物和其他植物生长的时期,非生长季节(10 月—次年 3 月)与生长季节相反

上游地区分析过程中所用变量为:Variable_1、Variable_2、Variable_3、Variable_7、Variable_8、Variable_9;中游地区分析过程中所用变量为:Variable_1、Variable_2、Variable_3、Variable_4、Variable_5、Variable_6、Variable_7、Variable_8;下游地区分析过程中所用变量为:Variable_1、Variable_2、Variable_3、Variable_4、Variable_5、Variable_6、Variable_7、Variable_8、Variable_9。

表 7-1　WEF nexus 系统对水体盐度影响分析的指标

变量类型	子系统	变量编号	变量名称	单位	数据来源
因变量	生态系统	Variable_1	水体盐度	mg/L	Lobanova 等(2019)
自变量	水资源系统	Variable_2	径流量	$10^8 m^3$	热依莎·吉力力(2019),CAWater Info
	粮食系统	Variable_3	站点上游流域区间农业取水量	$10^8 m^3$	CAWater Info
		Variable_4	灌溉水回流量	$10^8 m^3$	CAWater Info
		Variable_5	灌溉回流水盐度	g/L	CAWater Info
		Variable_6	灌溉面积	千 hm^2	CAWater Info
		Variable_7	平均氮肥使用	g N/m^2 耕地	Lu 等(2016)
		Variable_8	平均磷肥使用	gP/m^2 耕地	Lu 等(2016)
	能源系统	Variable_9	上游水电站的截留水量	$10^8 m^3$	CAWater Info

通过上中下游的对比,可以得出,平均磷肥使用和水电站运行的截留量在上游地区水体盐度的变化中起着重要作用;中游地区,没有大型水电站,水量和农业活动对水体盐度影响较大,

如农业取水量、径流量等；下游地区，虽然有水电站运行，但农业活动，特别是灌溉相关活动（灌溉回流水盐度、灌溉水回流量、农业取水量）对其水体盐度影响最大，天然径流量对水体盐度的稀释作用在很大程度上被人类活动引起的水量降低和溶质增加所抵消（图 7-7）。总体而言，水量是直接影响水体盐度的最重要因素，水资源利用、水库运行等人类活动通过影响水量，间接影响水体盐度，农业活动一方面通过水资源利用间接影响水体盐度，另一方面，通过化肥使用，增加溶质源，加剧水体盐化。

综合流量与水体盐度关系和 WEF nexus 系统相关要素对水体盐度影响分析的结果，可得，从长时间序列的角度来看，在过去半个世纪，以农业活动为主，叠加气候变化因素，共同导致了阿姆河流域严重的淡水盐化问题；就年内的季节性变化而言，水体盐度变化的主要控制因素仍然是流量，在 4—9 月，即农业活动显著的作物生长季节（农药使用、化肥使用和灌溉水回流量增加），盐度也没有呈现增加趋势，反而由于流量增加，盐度明显下降（图 7-4）。因此，水体盐度的年内变化是由自然因素（流量）主导，同时受人类活动的干扰（Timpano et al.，2018）。

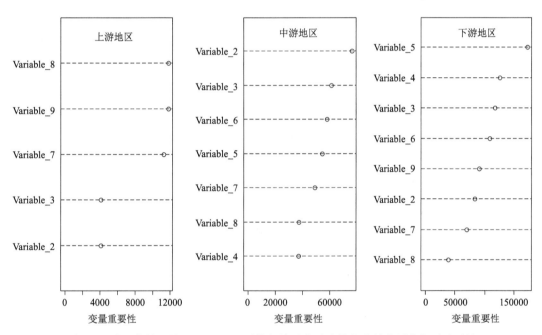

图 7-7　随机森林反映 WEF nexus 系统相关要素对水体盐度的作用的相对重要性

7.3.3　WEF nexus 系统作用下阿姆河水体盐度变化的概念性模型

基于以上阿姆河流域淡水盐化驱动因素综述、流量-盐度关系分析、WEF nexus 系统对盐度的影响分析，结合淡水盐化的初生盐化和次生盐化机理性认识，构建了阿姆河流域淡水盐化的概念性模型［图 7-8（彩）］，反映了流域上中下游水体盐度升高的驱动机制。在水资源利用、水电开发、农业生产等人类活动和气候变化的共同作用下，阿姆河流域淡水盐化的驱动机制存在明显的空间差异。在上游地区，河流流量大，人类活动强度低，水的盐度主要由初生盐化（如融雪、降水等影响下的径流量）控制，水电站的运行在一定程度上可以调节水体盐度；在中游地区，人类活动加强，淡水盐化受自然过程（蒸散、径流）和农业活动（农业取水、灌溉回流水等）的共同影响；在下游和三角洲地区，高强度的农业活动（农业取水、杀虫剂和化肥使用、灌溉水回流、洗盐引起的排水等）主导了淡水盐化的长期变化过程。对于干旱半干旱地区，上游山区以融雪补给为主,中下游绿洲区以农业为主的内陆型河流,基本具有相似的淡水盐化过程,可用该概念化模型指导其淡水盐化分区治理。

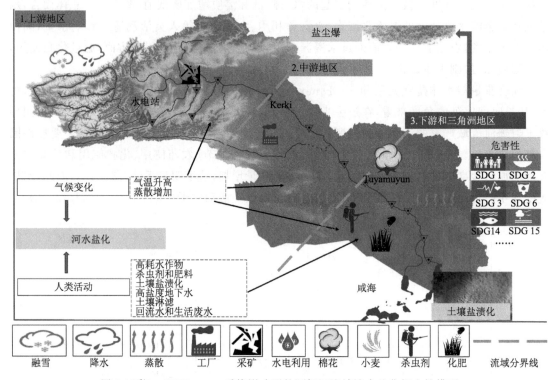

图 7-8(彩)　WEF nexus 系统影响下的阿姆河流域淡水盐化概念性模型

7.4　水体盐度升高对区域可持续发展的反馈作用

淡水盐化与可持续发展之间存在着复杂的互动关系(Flörke et al.,2019),淡水盐化问题在受到水资源开发利用(SDG 6)、水电生产(SDG 7)、农业活动(SDG 2)等影响的同时,也会对水、能源、粮食等可持续发展目标产生反馈作用。如图 7-9 所示,人类活动(SDGs 2,7,9,12)和气候变暖(SDG 13)已经加剧了阿姆河流域淡水盐化问题,水体盐度升高会影响生产生活用水(表 3-2),还会引发严重的生态环境问题,阻碍区域可持续发展目标的实现,会对零贫困(SDG 1)、作物生产(SDG 2)、人类健康(SDG 3)、安全饮用水(SDG 6)、就业(SDG 8)、水生生态(SDG 14)和陆生生态(SDG 15)等造成威胁(Ayers et al.,1985;Kaushal,2016;Khan et al.,2011; Lioubimtseva,2015;Liu et al.,2020;Welle et al.,2017;Yapiyev et al.,2021;Zhang et al., 2020a)。

具体而言,高盐度的水无法满足人类生存需要,并会破坏供水设施(Kaushal,2016),饮用高盐度的水会危害人类健康,导致高血压等疾病,对孕妇的危害尤为严重(Khan et al.,2011), 阿姆河下游地区已经出现了与水相关的疾病传播(Yapiyev et al.,2021)。灌溉水盐度过高情况下,作物吸收基本离子和水分的能力受限,加之高浓度氯离子和钠离子的毒害作用,会影响作物生长,甚至导致作物死亡(Reid et al.,2019)。阿姆河下游三角洲地区,南咸海区域的淡水生物多样性和生态系统已经被严重破坏,许多鱼类已经灭绝(Gozlan et al.,2019),渔业的

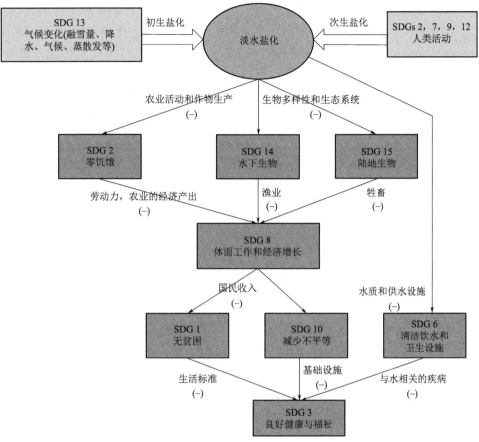

图 7-9　淡水盐化和可持续发展目标之间的关系

（一）代表存在负面影响

消亡,又导致以渔业为生的居民面临失业和贫困问题(Karimov et al.,2005)。土壤盐碱化 (SDG 15.3)是阿姆河流域面临的一个主要问题,其与水体盐化之间存在着复杂显著的相互作用关系,淋滤活动会将土壤中的盐分带入河流,灌溉活动又会将河流中的盐分带入土壤(Palmate et al.,2022),二者都会损害作物生长,对可持续的农业生产构成威胁(Minhas et al., 2020)。此外,饮用高盐度的水还会抑制牲畜的食欲,引起腹泻,破坏动物体内水平衡,影响畜牧业发展(Flörke et al.,2019)。

7.5　本章小结

本章聚焦阿姆河流域水-能源-粮食关联系统的外部性影响问题,以水体盐度为生态环境的表征开展工作。收集了阿姆河沿线 12 个站点 1970—2015 年的水化学和流量数据,通过线性回归模型和小提琴图、箱线图等统计图形分析了盐度和流量的时空分布模式;通过一般双曲线模型和 Spearman 等级相关系数评估了盐度-流量的关系;采用随机森林模型,结合淡水盐化的理论知识,定性定量相结合综合分析了 WEF nexus 系统对水体盐度的影响。得出的主要认识如下。

(1)空间上,河水盐度呈现沿流程增加的趋势,中下游地区河水盐度超过了安全饮用和灌溉标准(1000 mg/L),上游的水体盐度约为 541～635 mg/L,下游的水体盐度约为 751～1560 mg/L;时间上,20 世纪 70—90 年代,河水盐度呈现明显的上升趋势,90 年代前的河水盐度(751～1128 mg/L)略低于 90 年代后(983～1560 mg/L),2000 年以后,河水盐度逐渐下降。

(2)从水体盐化过程机理的角度分析,阿姆河水体盐度的年际变化主要由次生盐化过程控制,而年内变化则由流量控制,20 世纪 70 年代以来日益加强的农业活动(灌溉取水和高盐度的回流水及废水入河等)加速了次生盐碱化过程,从上游到下游,淡水盐化的控制过程由初生盐化转变为次生盐化。

(3)在机理认识方面,总体而言,流量与水体盐度为负相关关系;能源系统主要通过影响水量(水电站运行)与溶质(废水排放)影响盐度;粮食系统通过影响水量(农业取水)与溶质(农药和化肥使用、灌溉回流水、洗盐)影响盐度。WEF nexus 系统对河水盐度影响的基本过程为,水系统:通过流量大小直接影响水体盐度;能源系统:水电开发通过影响河流水量,改变水体盐度,化石能源开采与利用过程中,会排出废水,导致水体盐度升高;粮食系统:农业取水会降低河流流量,导致水体盐度升高,化肥、农药使用会增加水体中离子的来源,灌溉水回流和土壤洗盐措施携带溶质进入河水。

(4)针对阿姆河流域 WEF nexus 系统对河水盐度影响的定性定量综合归因分析表明:水量(水系统)是影响盐度的最重要因素;年际(长期)来看,阿姆河水体盐度升高是粮食子系统导致的,农业取水导致河流流量降低,农药和化肥使用、灌溉回流水、洗盐携带大量溶质进入河流;年度变化来看,在农业活动相对稳定时期(粮食子系统影响相对不变),盐度变化的主要控制子系统是水文水资源子系统,径流量升高(丰水年),盐度降低,径流量降低(枯水年),盐度升高。从空间上来看,阿姆河上游受水系统和能源系统(水电站运行机制)影响大,中下游受粮食系统影响大。

(5)从降低 WEF nexus 系统负外部性的角度来讲,虽然 21 世纪阿姆河水体盐度控制工作取得了一定的成效,但要减轻与淡水盐化有关的威胁和挑战,实现区域可持续发展目标,还需要更多的努力。未来应量化分析淡水盐化过程和可持续发展目标之间的关系,制定环境保护和水处理政策,在农业活动中,采用先进技术、优化作物种植结构,降低农药化肥使用,减少高盐度的回流水量。

参考文献

陈佳骏,李立凡,2018."双重闭环现象"与中亚跨境水资源的治理路径——兼论上海合作组织的参与[J].国际展望,10(3):70-88,155-156.

陈鹏狮,米娜,张玉书,等,2009.气候变化对作物产量影响的研究进展[J].作物杂志(2):5-9.

戴瀚程,2018.IMED 模型体系简介[R/OL].北京:北京大学环境科学与工程学院.https://www.jianguoyun.com/p/DdV3S3wQlL7CBhj25JYB.

但杨,潘志平,2021.中亚水资源冲突原因分析与解决路径——以罗贡、卡姆巴拉金Ⅰ号水电站为例[J].新疆大学学报(哲学·人文社会科学版),49(3):34-42.

邓铭江,龙爱华,李江,等,2020.西北内陆河流域"自然—社会—贸易"三元水循环模式解析[J].地理学报,75(7):1333-1345.

方恺,2015.足迹家族:概念、类型、理论框架与整合模式[J].生态学报,35(6):1647-1659.

高胖胖,2021.阿姆河流域径流变化分析与水资源优化配置[D].北京:华北电力大学.

关鑫,2019.基于水-能源-粮食关联性的粮食安全研究[D].北京:中国农业科学院.

郭静,2019.区域水资源丰度及其对"水-能源-粮食"复合系统协调性的影响[D].咸阳:西北农林科技大学.

韩立群,2021.当前全球能源危机的主要特点及影响因素分析[J].国际石油经济,29(11):9-15.

郝海超,郝兴明,花顶,等,2021.2000—2018年中亚五国水分利用效率对气候变化的响应[J].干旱区地理,44(1):1-14.

郝帅,孙才志,宋强敏,2021.中国能源-粮食生产对水资源竞争的关系——基于水足迹的视角[J].地理研究,40(6):1565-1581.

何明珠,高鑫,赵振勇,等,2021.咸海生态危机:荒漠化趋势与生态恢复防控对策[J].中国科学院院刊,36(2):130-140.

李成宇,张士强,2020.中国省际水-能源-粮食耦合协调度及影响因素研究[J].中国人口·资源与环境,30(1):120-128.

李东林,左其亭,马军霞,2020.基于不确定性双层规划的水资源配置及和谐评价[J].北京师范大学学报(自然科学版),56(3):350-360.

李桂君,李玉龙,贾晓菁,等,2016.北京市水-能源-粮食可持续发展系统动力学模型构建与仿真[J].管理评论,28(10):11-26.

李海涛,李明阳,2020.基于能值的哈萨克斯坦可持续发展评价[J].自然资源学报,35(9):2218-2228.

李立凡,陈佳骏,2018.中亚跨境水资源:发展困境与治理挑战[J].国际政治研究,39(3):89-107,5.

李文静,许文强,包安明,等,2021.阿姆河流域耕地变化及水土匹配特征分析[J].水资源保护,37(3):80-86,107.

李潇,2020.基于协同共生理论的我国水-能源-粮食协同安全评价研究[D].泰安:山东农业大学.

林志慧,刘宪锋,陈瑛,等,2021.水-粮食-能源纽带关系研究进展与展望[J].地理学报,76(7):1591-1604.

吝海霞,2021.气候变化和极端事件对新疆地区冬小麦生长和产量的影响[D].咸阳:西北农林科技大学.

刘佳,王先甲,2020.系统工程优化决策理论及其发展战略[J].系统工程理论与实践,40(8):1945-1960.

刘剑宇,张强,陈喜,等,2016.气候变化和人类活动对中国地表水文过程影响定量研究[J].地理学报,71(11):1875-1885.

刘俊国,陈鹤,田展,2022.IPCC AR6 报告解读:气候变化与水安全[J].气候变化研究进展,18(4):405-413.

刘爽,白洁,罗格平,等,2021.咸海流域社会经济用水分析与预测[J].地理学报,76(5):1257-1273.

刘宪锋,傅伯杰,2021.干旱对作物产量影响研究进展与展望[J].地理学报,76(11):2632-2646.

刘焱序,傅伯杰,王帅,等,2021.旱区人地耦合系统水-粮食-生态关联研究述评[J].地理研究,40(2):541-555.

苗东升,2004a.论系统思维(二):从整体上认识和解决问题[J].系统辩证学学报(4):1-6.

苗东升,2004b.论系统思维(一):把对象作为系统来识物想事[J].系统辩证学学报(3):3-7.

苗东升,2005a.论系统思维(三):整体思维与分析思维相结合[J].系统辩证学学报(1):1-5,11.

苗东升,2005b.论系统思维(四):深入内部精细地考察系统[J].系统辩证学学报(2):1-5.

苗东升,2005c.论系统思维(五):跳出系统看系统[J].系统辩证学学报(3):13-18.

苗东升,2006.论系统思维(六):重在把握系统的整体涌现性[J].系统科学学报(1):1-5+81.

裴源生,许继军,肖伟华,等,2020.基于二元水循环的水量-水质-水效联合调控模型开发与应用[J].水利学报,51(12):1473-1485.

彭少明,郑小康,王煜,等,2017.黄河流域水资源-能源-粮食的协同优化[J].水科学进展,28(5):681-690.

钱学森,1981a.系统科学、思维科学与人体科学[J].自然杂志(1):3-9,80.

钱学森,1981b.再谈系统科学的体系[J].系统工程理论与实践(1):2-4.

钱学森,1989.现代地理科学系统建设问题[J].地理环境研究(2):1-6.

钱学森,于景元,戴汝为,1990.一个科学新领域——开放的复杂巨系统及其方法论[J].自然杂志(1):3-10,64.

热依莎·吉力力,2019.气候变化和人类活动对中亚阿姆河径流的影响研究[D].乌鲁木齐:新疆师范大学.

施海洋,罗格平,郑宏伟,等,2020.基于"水—能源—食物—生态"纽带因果关系和贝叶斯网络的锡尔河流域用水分析[J].地理学报,75(5):1036-1052.

孙才志,阎晓东,2018.中国水资源-能源-粮食耦合系统安全评价及空间关联分析[J].水资源保护,34(5):1-8.

王丹力,郑楠,刘成林,2021.综合集成研讨厅体系起源、发展现状与趋势[J].自动化学报,47(8):1822-1839.

王桂芝,陆金帅,陈克垚,等,2014.基于 HP 滤波的气候产量分离方法探讨[J].中国农业气象,35(2):195-199.

王浩,贾仰文,2016.变化中的流域"自然-社会"二元水循环理论与研究方法[J].水利学报,47(10):1219-1226.

王红瑞,赵伟静,邓彩云,等,2022.水-能源-粮食纽带关系若干问题解析[J].自然资源学报,37(2):307-319.

王丽川,侯保灯,周毓彦,等,2021.城市水-能源-粮食耦合协调发展研究[J].水利水运工程学报(1):9-17.

王双成,郑飞,张立,2021.基于贝叶斯网络的时间序列因果关系学习[J].软件学报,32(10):3068-3084.

王雨,王会肖,杨雅雪,等,2020.水-能源-粮食纽带关系定量研究方法综述[J].南水北调与水利科技(中英文),18(6):42-63.

项潇智,2020.基于 CGE 模型的中国水-能源-食物-土地关联与优化研究[D].北京:中国科学院大学.

肖国举,张强,王静,2007.全球气候变化对农业生态系统的影响研究进展[J].应用生态学报(8):1877-1885.

解子琦,邢万里,闫强,2020.基于 DEA 和投入产出模型的我国省际水-能源-经济耦合关系研究[J].中国矿业,29(8):35-41.

辛源,王守荣,2015."未来地球"科学计划与可持续发展[J].中国软科学(1):20-27.

徐海燕,2016.绿色丝绸之路经济带建设与中亚生态环境问题——以咸海治理和塔吉克斯坦为例[J].俄罗斯东欧中亚研究(5):97-107,157-158.

徐杨,李秀芬,葛全胜,等,2022.气象干旱对中亚棉花产量的影响[J].地理学报,77(9):2338-2352.

于宏源,李坤海,2021.中亚"水-能源-粮食"安全纽带:困境、治理及中国参与[J].俄罗斯东欧中亚研究(1):84-105,157.

余慧倩,张强,孙鹏,等,2019. 干旱强度及发生时间对华北平原五省冬小麦产量影响[J]. 地理学报,74(1):87-102.

原世伟,李新,杜二虎,2021. 多主体建模在水资源管理中的应用:进展与展望[J]. 地球科学进展,36(9):899-910.

曾莉,李晶,李婷,等,2018. 基于贝叶斯网络的水源涵养服务空间格局优化[J]. 地理学报,73(9):1809-1822.

张超,刘蓓蓓,李楠,等,2021. 面向可持续发展的资源关联研究:现状与展望[J]. 科学通报,66(26):3426-3440.

张洪芬,2019. 我国水、能源和粮食系统综合评价及耦合协调性分析[D]. 兰州:兰州大学.

张杰,郝春沣,刘海滢,等,2020. 基于用水总量的水-能源-粮食关系解析[J]. 南水北调与水利科技,18(1):194-201.

张琦琛,2020. 基于水-能源-粮食纽带关系的黑龙江省水资源安全评价[D]. 长春:吉林大学.

张鑫,雍志勤,葛杰,等,2019. 基于区间模糊双层规划的水资源承载力与产业结构优化研究[J]. 水利学报,50(5):565-577.

张宗勇,刘俊国,王凯,等,2020. 水-粮食-能源关联系统述评:文献计量及解析[J]. 科学通报,65(16):1569-1581.

赵菲菲,张青青,张宇,等,2021. 基于贝叶斯网络的黄河径流预测[J]. 南水北调与水利科技(中英文),19(3):511-519.

赵良仕,刘思佳,孙才志,2021. 黄河流域水-能源-粮食安全系统的耦合协调发展研究[J]. 水资源保护,37(1):69-78.

周露明,谢兴华,朱珍德,等,2020a. 基于水-能源-粮食纽带关系的农业资源投入产出效率研究[J]. 农业资源与环境学报,37(6):875-881.

周露明,谢兴华,朱珍德,2020b. 水-能源-粮食纽带关系耦合模拟模型及案例研究[J]. 中国农村水利水电(10):1-6.

诸云强,孙凯,胡修棉,等,2022. 大规模地球科学知识图谱构建与共享应用框架研究与实践[J]. 地球信息科学学报:1-13.

左其亭,吴青松,金君良,等,2022. 区域水平衡基本原理及理论体系[J]. 水科学进展,33(2):165-173.

ABULIBDEH A,ZAIDAN E,2020. Managing the water-energy-food nexus on an integrated geographical scale [J/OL]. Environmental Development,33:100498. DOI:10. 1016/j. envdev. 2020. 100498.

AHROROV F,MURTAZAEV O,ABDULLAEV B,2012. Pollution and Salinization:Compounding the Aral Sea Disaster[M/OL]//EDELSTEIN R M,CERNY A,GADAEV A. Disaster by Design:The Aral Sea and its Lessons for Sustainability:20. Emerald Group Publishing Limited:29-36[2021-11-02]. https://doi. org/10. 1108/S0196-1152(2012)0000020011. DOI:10. 1108/S0196-1152(2012)0000020011.

ALBRECHT T R,CROOTOF A,SCOTT C A,2018. The Water-Energy-Food Nexus:A systematic review of methods for nexus assessment[J]. Environmental Research Letters,13(4):043002. DOI:10. 1088/1748-9326/aaa9c6.

AYERS R S,WESTCOT D W,1985. Water Quality for Agriculture[M]. Rome:Food and Agriculture Organization of the United Nations.

BAKHSHIANLAMOUKI E,MASIA S,KARIMI P,et al,2020. A system dynamics model to quantify the impacts of restoration measures on the water-energy-food nexus in the Urmia lake Basin,Iran[J]. Science of the Total Environment,708:134874. DOI:10. 1016/j. scitotenv. 2019. 134874.

BARIK B,GHOSH S,SAHANA A S,et al,2017. Water-food-energy nexus with changing agricultural scenarios in India during recent decades[J]. Hydrology and Earth System Sciences,21(6):3041-3060.

BARRON-GAFFORD G A,PAVAO-ZUCKERMAN M A,MINOR R L,et al,2019. Agrivoltaics provide mutual benefits across the food-energy-water nexus in drylands[J]. Nature Sustainability,2(9):848-855.

BEKCHANOV M,RINGLER C,BHADURI A,et al,2015. How would the Rogun Dam affect water and energy scarcity in Central Asia? [J]. Water International,40(5-6):856-876.

BETH W,2014. 能源产业用水需求恐引发全球危机[N/OL]. 中外对话,2014-09-03[2021-12-13]. https://chinadialogue. net/zh/4/42449/.

BIZIKOVA L,ROY D,SWANSON D,et al,2013. The Water-Energy-Food Security Nexus:Towards a Practical Planning and Decision Support Framework for Landscape Investment and Risk Management[R]. Winnipeg:International Institute for Sustainable Development.

CAI Y,CAI J,XU L,et al,2019. Integrated risk analysis of water-energy nexus systems based on systems dynamics,orthogonal design and copula analysis[J]. Renewable and Sustainable Energy Reviews,99:125-137.

CAÑEDO-ARGÜELLES M,2020. A review of recent advances and future challenges in freshwater salinization [J]. Limnetica,39(1):185-211.

CAÑEDO-ARGÜELLES M,2021. Freshwater salinisation:A global challenge with multiple causes and drastic consequences[C/OL]//EGU General Assembly Conference Abstracts. EGU21-710[2021-11-21]. https://meetingorganizer. copernicus. org/EGU21/EGU21-710. html. DOI:https://doi. org/10. 5194/egusphere-egu21-710.

CAÑEDO-ARGÜELLES M,KEFFORD B J,PISCART C,et al,2013. Salinisation of rivers:An urgent ecological issue[J]. Environmental Pollution,173:157-167.

CHAI J,SHI H,LU Q,et al,2020. Quantifying and predicting the water-energy-food-economy-society-environment nexus based on bayesian networks-A case study of China[J]. Journal of Cleaner Production,256:120266.

CHEN P,2019. A novel coordinated TOPSIS based on coefficient of variation[J]. Mathematics,7(7):614.

CHEN P, 2020. Effects of the entropy weight on TOPSIS[J]. Expert Systems with Applications,168:114186. DOI:10. 1016/j. eswa. 2020. 114186.

CHEN Y,FANG G,HAO H,et al,2020. Water use efficiency data from 2000 to 2019 in measuring progress towards SDGs in Central Asia[J]. Big Earth Data,6(1):90-102.

CRIPPA M,SOLAZZO E,GUIZZARDI D,et al,2021. Food systems are responsible for a third of global anthropogenic GHG emissions[J/OL]. Nature Food,2(3):198-209.

CROSA G,FROEBRICH J,NIKOLAYENKO V,et al,2006. Spatial and seasonal variations in the water quality of the Amu Darya River (Central Asia)[J]. Water Research,40(11):2237-2245.

CUNILLERA-MONTCUSÍ D,BEKLIOGLU M,CAÑEDO-ARGÜELLES M,et al,2022. Freshwater salinisation:a research agenda for a saltier world[J]. Trends in Ecology & Evolution. DOI:10. 1016/j. tree. 2021. 12. 005.

DAHER B T,MOHTAR R H,2015. Water-energy-food (WEF) nexus tool 2. 0:Guiding integrative resource planning and decision-making[J]. Water International,40(5-6):748-771.

DATRY T,LARNED S T,TOCKNER K,2014. Intermittent rivers:A challenge for freshwater ecology[J]. BioScience,64(3):229-235.

DENG C,WANG H,GONG S,et al,2020. Effects of urbanization on food-energy-water systems in mega-urban regions:a case study of the Bohai MUR,China[J]. Environmental Research Letters,15(4):044014. DOI:10. 1088/1748-9326/ab6fbb.

DENG C,WANG H, HONG S,et al,2021. Meeting the challenges of food-energy-water systems in typical mega-urban regions from final demands and supply chains:A case study of the Bohai mega-urban region,China[J]. Journal of Cleaner Production,320:128663. DOI:10. 1016/j. jclepro. 2021. 128663.

DO P,TIAN F,ZHU T,et al,2020. Exploring synergies in the water-food-energy nexus by using an integrated hydro-economic optimization model for the Lancang-Mekong River basin[J]. Science of The Total Environment,728:137996. DOI:10. 1016/j. scitotenv. 2020. 137996.

DUAN F,JI Q,LIU B Y,et al,2018. Energy investment risk assessment for nations along China's Belt & Road Initiative[J]. Journal of Cleaner Production,170:535-547.

ENDO A,TSURITA I,BURNETT K,et al,2017. A review of the current state of research on the water,energy,and food nexus[J]. Journal of Hydrology:Regional Studies,11:20-30.

FABIANI S,VANINO S,NAPOLI R,et al,2020. Water energy food nexus approach for sustainability assessment at farm level:An experience from an intensive agricultural area in Central Italy[J]. Environmental Science & Policy,104:1-12.

FADER M,CRANMER C,LAWFORD R,et al,2018. Toward an understanding of synergies and trade-offs between water,energy,and food SDG targets[J]. Frontiers in Environmental Science,6:112.

FAO,2012. Transboundary River Basin Overview-Aral Sea[M/OL]. Rome,Italy:FAO[2022-04-03]. https://www. fao. org/documents/card/zh/c/CA2139EN/.

FAO,2014. The Water-energy-food Nexus:A New Approach in Support of Food Security and Sustainable Agriculture[R]. FAO.

FAO,2015. Climate Change and Food Security:Risks and Responses[M/OL]. Rome,Italy:FAO[2022-11-21]. https://www. fao. org/publications/card/en/c/82129a98-8338-45e5-a2cd-8eda4184550f/.

FAO,2018. Progress on Level of Water Stress-Global Baseline for SDG 6 Indicator 6. 4. 2 2018[R/OL]. Rome:FAO[2021-01-22]. http://www. fao. org/sustainable-development-goals/indicators/642/en/.

FAO,2020. 2020 年粮食及农业状况:应对农业中的水资源挑战[M/OL]. Rome,Italy:FAO[2021-12-13]. https://www. fao. org/documents/card/en/c/cb1447zh. DOI:10. 4060/cb1447zh.

FLÖRKE M,BÄRLUND I,VAN VLIET M T,et al,2019. Analysing trade-offs between SDGs related to water quality using salinity as a marker[J]. Current Opinion in Environmental Sustainability,36:96-104.

FLAMMINI A,PURI M,PLUSCHKEL,et al,2014. Walking the nexus talk:Assessing the water-energy-food nexus in the context of the sustainable energy for all initiative[J/OL]. Environment and Natural Resources Management. Working Paper (FAO) eng no. 58[2021-10-27]. http://www. fao. org/3/a-i3959e. pdf.

FUHRMAN J,MCJEON H,PATEL P,et al,2020. Food-energy-water implications of negative emissions technologies in a +1. 5 ℃ future[J]. Nature Climate Change,10(10):920-927.

FUKASE E,MARTIN W,2020. Economic growth,convergence,and world food demand and supply[J]. World Development,132:104954.

GAL Luft,ANNE Korin,ESHITA Gupta,2022. 能源安全和气候变化之间的薄弱联系[EB/OL]. http://www. iags. org/ES_and_Climate. pdf.

GAMMANS M,MÉREL P,ORTIZ-BOBEA A,2017. Negative impacts of climate change on cereal yields:statistical evidence from France[J]. Environmental Research Letters, 12 (5):054007. DOI:10. 1088/1748-9326/aa6b0c.

GAPPAROV B Kh,BEGLOV I F,NAZARIY A M,et al,2011. Water Quality in the Amudarya and Syrdarya River Basins[R]. UNECE.

GAYBULLAEV B,CHEN S C,KUO Y M,2012. Large-scale desiccation of the Aral Sea due to over-exploitation after 1960[J]. Journal of Mountain Science,9(4):538-546.

GIBBS R J,1970. Mechanisms controlling world water chemistry[J]. Science,170(3962):1088-1090.

GOZLAN R E,KARIMOV B K,ZADEREEV E,et al,2019. Status,trends,and future dynamics of freshwater ecosystems in Europe and Central Asia[J]. Inland Waters,9(1):78-94.

GRANIT J,JÄGERSKOG A,LINDSTRÖM A,et al,2012. Regional options for addressing the water,energy and food nexus in Central Asia and the Aral Sea Basin[J]. International Journal of Water Resources Development, 28(3):419-432.

GUITOUNI A, MARTEL J M, 1998. Tentative guidelines to help choosing an appropriate MCDA method[J]. European Journal of Operational Research, 109(2):501-521.

HAUKE J, KOSSOWSKI T, 2011. Comparison of values of Pearson's and Spearman's correlation coefficients on the same sets of data[J]. Quaestiones Geographicae, 30:87-93.

HOLLAND R A, SCOTT K A, FLÖRKE M, et al, 2015. Global impacts of energy demand on the freshwater resources of nations[J]. Proceedings of the National Academy of Sciences, 112(48):E6707-E6716.

HU Y, DUAN W, CHEN Y, et al, 2021. An integrated assessment of runoff dynamics in the Amu Darya River Basin: Confronting climate change and multiple human activities, 1960-2017[J]. Journal of Hydrology, 603: 126905. DOI:10. 1016/j. jhydrol. 2021. 126905.

HUANG J, LI Y, FU C, et al, 2017. Dryland climate change: Recent progress and challenges[J]. Reviews of Geophysics, 55(3):719-778.

HUNTINGTON H P, SCHMIDT J I, LORING P A, et al, 2021. Applying the food-energy-water nexus concept at the local scale[J]. Nature Sustainability, 4(8):672-679.

HUSSIEN W A, MEMON F A, SAVIC D A, 2017. An integrated model to evaluate water-energy-food nexus at a household scale[J]. Environmental Modelling & Software, 93:366-380.

JALILOV S M, AMER S A, WARD F A, 2013. Water, food, and energy security: An elusive search for balance in Central Asia[J]. Water Resources Management, 27(11):3959-3979.

JALILOV S M, KESKINEN M, VARIS O, et al, 2016. Managing the water-energy-food nexus: Gains and losses from new water development in Amu Darya River Basin[J]. Journal of Hydrology, 539:648-661.

JIA B, ZHOU J, ZHANG Y, et al, 2021. System dynamics model for the coevolution of coupled water supply-power generation-environment systems: Upper Yangtze River Basin, China[J]. Journal of Hydrology, 593: 125892. DOI:10. 1016/j. jhydrol. 2020. 125892.

KADDOURA S, EL KHATIB S, 2017. Review of water-energy-food Nexus tools to improve the Nexus modelling approach for integrated policy making[J]. Environmental Science & Policy, 77:114-121.

KAMRANI K, ROOZBAHANI A, HASHEMY S S M, 2020. Using Bayesian networks to evaluate how agricultural water distribution systems handle the water-food-energy nexus[J]. Agricultural Water Management, 239:106265.

KARIMOV B, LIETH H, KURAMBAEVA M, et al, 2005. The problems of fishermen in the Southern Aral Sea Region[J]. Mitigation and Adaptation Strategies for Global Change, 10:87-103.

KARIMOV B K, MATTHIES M, TALSKIKH V, et al, 2019. Salinization of river waters and suitability of electric conductivity value for saving freshwater from salts in Aral Sea Basin[J]. Asian Journal of Water, Environment and Pollution, 16(3):109-114.

KARTHE D, ABDULLAEV I, BOLDGIV B, et al, 2017. Water in Central Asia: An integrated assessment for science-based management[J]. Environmental Earth Sciences, 76(20):690.

KAUSHAL S S, 2016. Increased salinization decreases safe drinking water[J]. Environmental Science & Technology, 50(6):2765-2766.

KAYNAK S, ALTUNTAS S, DERELI T, 2017. Comparing the innovation performance of EU candidate countries: an entropy-based TOPSIS approach[J]. Economic Research-Ekonomska Istraživanja, 30(1):31-54.

KHAN A E, IRESON A, KOVATS S, et al, 2011. Drinking water salinity and maternal health in coastal bangladesh: implications of climate change[J]. Environmental Health Perspectives, 119(9):1328-1332.

KHARANAGH S G, BANIHABIB M E, JAVADI S, 2020. An MCDM-based social network analysis of water governance to determine actors' power in water-food-energy nexus [J]. Journal of Hydrology, 581: 124382. DOI:10.1016/j. jhydrol. 2019. 124382.

KHAYDAR D,CHEN X,HUANG Y,et al,2021. Investigation of crop evapotranspiration and irrigation water requirement in the lower Amu Darya River Basin,Central Asia[J]. Journal of Arid Land,13(1):23-39.

KROLL C,WARCHOLD A,PRADHAN P,2019. Sustainable development goals (SDGs):Are we successful in turning trade-offs into synergies? [J]. Palgrave Communications,5(1):1-11.

KUZMINA E M,2018. Impact of water and energy problems on the economic development of Uzbekistan[J]. Water Resources in Central Asia:International Context:201-214. DOI:10. 1007/698_2017_221.

LEE B J, PRESTON F, KOOROSHY J, et al, 2012. Resources Futures [M]. London: Royal Inst. of Intern. Affairs.

LEE S O,JUNG Y,2018. Efficiency of water use and its implications for a water-food nexus in the Aral Sea Basin[J]. Agricultural Water Management,207:80-90.

LENG P,ZHANG Q,LI F,et al,2021. Agricultural impacts drive longitudinal variations of riverine water quality of the Aral Sea basin (Amu Darya and Syr Darya Rivers),Central Asia[J]. Environmental Pollution,284: 117405. DOI:10. 1016/j. envpol. 2021. 117405.

LI X,WANG K,LIU L,et al,2011. Application of the entropy weight and TOPSIS method in safety evaluation of coal mines[J]. Procedia Engineering,26:2085-2091.

LI L,WEN Z,WANG Z,2016. Outlier Detection and Correction during the Process of Groundwater Lever Monitoring Base on Pauta Criterion with Self-learning and Smooth Processing[C/OL]//ZHANG L,SONG X, WU Y. Theory,Methodology,Tools and Applications for Modeling and Simulation of Complex Systems. Singapore:Springer:497-503.

LI P C,MA H W,2020a. Evaluating the environmental impacts of the water-energy-food nexus with a life-cycle approach[J]. Resources,Conservation and Recycling,157:104789. DOI:10. 1016/j. resconrec. 2020. 104789.

LI Z,FANG G,CHEN Y,et al,2020b. Agricultural water demands in Central Asia under 1. 5 ℃ and 2. 0 ℃ global warming[J]. Agricultural Water Management,231:106020. DOI:10. 1016/j. agwat. 2020. 106020.

LI S, CAI X, EMAMINEJAD S A, et al, 2021. Developing an integrated technology-environment-economics model to simulate food-energy-water systems in Corn Belt watersheds[J]. Environmental Modelling & Software,143:105083. DOI:10. 1016/j. envsoft. 2021. 105083.

LIN S S,SHEN S L,ZHOU A,et al,2020. Approach based on TOPSIS and Monte Carlo simulation methods to evaluate lake eutrophication levels [J]. Water Research, 187: 116437. DOI: 10. 1016/j. watres. 2020. 116437.

LIOUBIMTSEVA E,2015. A multi-scale assessment of human vulnerability to climate change in the Aral Sea basin[J]. Environmental Earth Sciences,73(2):719-729.

LIU J,YANG H,CUDENNEC C,et al,2017. Challenges in operationalizing the water-energy-food nexus[J]. Hydrological Sciences Journal,62(11):1714-1720.

LIU J,HULL V,GODFRAY H C J,et al,2018. Nexus approaches to global sustainable development[J]. Nature Sustainability,1(9):466-476.

LIU W,MA L,ABUDUWAILI J,2020. Historical change and ecological risk of potentially toxic elements in the lake sediments from North Aral Sea,Central Asia[J]. Applied Sciences,10(16):5623.

LOBANOVA A, DIDOVETS I, 2019. Analysis of the Water Quality Parameters in the Amudarya River [R]:60.

LOONEY B,2020. Statistical Review of World Energy 2020 | 69th edition:69[R]. London,United Kingdom: BP:66.

LU C,TIAN H,2016. Half-degree gridded nitrogen and phosphorus fertilizer use for global agriculture production during 1900-2013[DS/OL]// Lu C,Tian H,2017. Global nitrogen and phosphorus fertilizer use for agriculture production in the past half century：Shifted hot spots and nutrient imbalance. Earth System Science Data, 9（1）：181-192. https://doi. org/10. 5194/essd-9-181-2017. PANGAEA［2021-12-21］. https://doi. pangaea. de/10. 1594/PANGAEA. 863323. DOI：10. 1594/PANGAEA. 863323.

LU Y,TIAN F,GUO L,et al,2021. Socio-hydrologic modeling of the dynamics of cooperation in the transboundary Lancang-Mekong River[J]. Hydrology and Earth System Sciences,25(4)：1883-1903.

MA Y,LI Y P,HUANG G H,2020. A bi-level chance-constrained programming method for quantifying the effectiveness of water-trading to water-food-ecology nexus in Amu Darya River basin of Central Asia[J]. Environmental Research,183：109229. DOI：10. 1016/j. envres. 2020. 109229.

MA Y,LI Y P,ZHANG Y F,et al,2021. Mathematical modeling for planning water-food-ecology-energy nexus system under uncertainty：A case study of the Aral Sea Basin[J]. Journal of Cleaner Production,308：127368. DOI：10. 1016/j. jclepro. 2021. 127368.

MARTI L,PUERTAS R,2021. European countries' vulnerability to COVID-19：multicriteria decision-making techniques[J]. Economic Research-Ekonomska Istraživanja：1-12. DOI：10. 1080/1331677X. 2021. 1874462.

MENG Y,LIU J,WANG Z,et al,2021. Undermined co-benefits of hydropower and irrigation under climate change[J]. Resources,Conservation and Recycling,167：105375. DOI：10. 1016/j. resconrec. 2020. 105375.

MEYER K,ISSAKHOJAYEV R,KIKTENKO L,et al,2019. Regional Institutional Arrangements Advancing Water,Energy and Food Security in Central Asia[R]. Belgrade,Serbia：IUCN.

MINHAS P S,RAMOS T B,BEN-GAL A,et al,2020. Coping with salinity in irrigated agriculture：Crop evapotranspiration and water management issues［J］. Agricultural Water Management, 227：105832. DOI：10. 1016/j. agwat. 2019. 105832.

NADERI M M,MIRCHI A,BAVANI A R M,et al,2021. System dynamics simulation of regional water supply and demand using a food-energy-water nexus approach：Application to Qazvin Plain,Iran[J]. Journal of Environmental Management,280：111843. DOI：10. 1016/j. jenvman. 2020. 111843.

NHAMO L,MABHAUDHI T,MPANDELI S,et al,2020. An integrative analytical model for the water-energy-food nexus：South Africa case study[J]. Environmental Science & Policy,109：15-24.

OECD,2020. Overview of the Use and Management of Water Resources in Central Asia[R]. OECD.

OLSSON O,BAUER M,IKRAMOVA M,et al,2008. The role of the Amu Darya dams and reservoirs In future water supply in the Amu Darya Basin[C]//QI J,EVERED K T. Environmental Problems of Central Asia and their Economic,Social and Security Impacts. Dordrecht：Springer Netherlands：277-292.

PALMATE S S,KUMAR S,POULOSE T,et al,2022. Comparing the effect of different irrigation water scenarios on arid region pecan orchard using a system dynamics approach[J]. Agricultural Water Management, 265：107547. DOI：10. 1016/j. agwat. 2022. 107547.

PAQUIN M,CATHERINE C,2016. The United Nations World Water Development Report 2016：Water and jobs[M]. UNESCO for UN-Water.

PASTOR A V,PALAZZO A,HAVLIK P,et al,2019. The global nexus of food-trade-water sustaining environmental flows by 2050[J]. Nature Sustainability,2(6)：499-507.

PEKEL J F,COTTAM A,GORELICK N,et al,2016. High-resolution mapping of global surface water and its long-term changes[J]. Nature,540(7633)：418-422.

PICKENS A H,HANSEN M C,HANCHER M,et al,2020. Mapping and sampling to characterize global inland water dynamics from 1999 to 2018 with full Landsat time-series[J]. Remote Sensing of Environment, 243：111792. DOI：10. 1016/j. rse. 2020. 111792.

PORKKA M,KUMMU M,SIEBERT S,et al,2012. The role of virtual water flows in physical water scarcity: The case of Central Asia[J]. International Journal of Water Resources Development,28(3):453-474.

PRADHAN P,COSTA L,RYBSKI D,et al,2017. A systematic study of sustainable development goal (SDG) interactions[J]. Earth's Future,5(11):1169-1179.

PUTRA M P I F,PRADHAN P,KROPP J P,2020. A systematic analysis of water-energy-food security nexus: A South Asian case study [J]. Science of the Total Environment, 728: 138451. DOI: 10.1016/j. scitotenv. 2020. 138451.

QIN Y,2021. Global competing water uses for food and energy[J]. Environmental Research Letters,16(6): 064091. DOI:10. 1088/1748-9326/ac06fa.

QIN Y,MUELLER N D,SIEBERT S,et al,2019. Flexibility and intensity of global water use[J]. Nature Sustainability,2(6):515-523.

QIN J,DUAN W,CHEN Y,et al,2022. Comprehensive evaluation and sustainable development of water-energy-food-ecology systems in Central Asia[J]. Renewable and Sustainable Energy Reviews,157:112061. DOI: 10. 1016/j. rser. 2021. 112061.

RAKHMATULLAEV S,HUNEAU F,KAZBEKOV J,et al,2010. Groundwater resources use and management in the Amu Darya River Basin (Central Asia)[J]. Environmental Earth Sciences,59(6):1183-1193.

RAKHMATULLAEV S,ABDULLAEV I,KAZBEKOV J,2018. Water-Energy-Food-Environmental Nexus in Central Asia:From Transition to Transformation[M/OL]//ZHILTSOV S S,ZONN I S,KOSTIANOY A G,et al. Water Resources in Central Asia:International Context. Cham:Springer International Publishing: 103-120. https://doi. org/10. 1007/698_2017_180. DOI:10. 1007/698_2017_180.

RAN Y,WANG L,ZENG T,et al,2020. "One belt,one road" boundary map of key basins in Asia[Z/OL]. National Tibetan Plateau Data Center. http://dx. doi. org10. 11888/Geogra. tpdc. 270941. DOI: 10. 11888/Geogra. tpdc. 270941.

RASUL G,SHARMA B,2016. The nexus approach to water-energy-food security:An option for adaptation to climate change[J]. Climate Policy,16(6):682-702.

RAVAR Z,ZAHRAIE B,SHARIFINEJAD A,et al,2020. System dynamics modeling for assessment of water-food-energy resources security and nexus in Gavkhuni basin in Iran [J]. Ecological Indicators, 108: 105682. DOI:10. 1016/j. ecolind. 2019. 105682.

REID A J,CARLSON A K,CREED I F,et al,2019. Emerging threats and persistent conservation challenges for freshwater biodiversity[J]. Biological Reviews,94(3):849-873.

REINHARD S,VERHAGEN J,WOLTERS W,et al,2017. Water-food-energy Nexus:A Quick Scan[R/OL]. Wageningen: Wageningen Economic Research. https://research. wur. nl/en/publications/bc7d434c-ddc2-472a-be30-89c1a03d496a. DOI:10. 18174/424551.

ROIDT M,STRASSER L de,2018. Methodology for Assessing the Water-Food-Energy-Ecosystem Nexus in Transboundary Basins and Experiences from Its Application:Synthesis[M]. Geneva:United Nations.

RONZON T,SANJUÁN A I,2020. Friends or foes? A compatibility assessment of bioeconomy-related sustainable development goals for European policy coherence [J]. Journal of Cleaner Production, 254: 119832. DOI: 10. 1016/j. jclepro. 2019. 119832.

ROSA L,RULLI M C,ALI S,et al,2021. Energy implications of the 21st century agrarian transition[J]. Nature Communications,12(1):2319. DOI:10. 1038/s41467-021-22581-7.

SADEGHI S H,SHARIFI M E,DELAVAR M,et al,2020. Application of water-energy-food nexus approach for designating optimal agricultural management pattern at a watershed scale[J]. Agricultural Water Management,233:106071. DOI:10. 1016/j. agwat. 2020. 106071.

SAIDMAMATOV O, RUDENKO I, PFISTER S, et al, 2020. Water-energy-food nexus framework for promoting regional integration in Central Asia[J]. Water, 12(7): 1896. DOI: 10. 3390/w12071896.

SALMORAL G, YAN X, 2018. Food-energy-water nexus: A life cycle analysis on virtual water and embodied energy in food consumption in the Tamar catchment, UK[J]. Resources, Conservation and Recycling, 133: 320-330.

SÁNCHEZ-LOZANO J M, FERNÁNDEZ-MARTÍNEZ M, 2016. Near-earth object hazardous impact: A multi-criteria decision making approach[J]. Scientific Reports, 6(1): 37055. DOI: 10. 1038/srep37055.

SARI F, 2021. Forest fire susceptibility mapping via multi-criteria decision analysis techniques for Mugla, Turkey: A comparative analysis of VIKOR and TOPSIS[J]. Forest Ecology and Management, 480: 118644. DOI: 10. 1016/j. foreco. 2020. 118644.

SCHERER L, PFISTER S, 2016. Global water footprint assessment of hydropower[J]. Renewable Energy, 99: 711-720.

SHI H, LUO G, ZHENG H, et al, 2020. Coupling the water-energy-food-ecology nexus into a Bayesian network for water resources analysis and management in the Syr Darya River basin[J]. Journal of Hydrology, 581: 124387. DOI: 10. 1016/j. jhydrol. 2019. 124387.

SHI H, LUO G, ZHENG H, et al, 2021. A novel causal structure-based framework for comparing a basin-wide water-energy-food-ecology nexus applied to the data-limited Amu Darya and Syr Darya river basins[J]. Hydrology and Earth System Sciences, 25(2): 901-925.

SI Y, LI X, YIN D, et al, 2019. Revealing the water-energy-food nexus in the Upper Yellow River Basin through multi-objective optimization for reservoir system[J]. Science of the Total Environment, 682: 1-18.

SIEGFRIED T, BERNAUER T, GUIENNET R, et al, 2012. Will climate change exacerbate water stress in Central Asia? [J]. Climatic Change, 112(3-4): 881-899.

SIMPSON G B, JEWITT G P W, 2019. The development of the water-energy-food nexus as a framework for achieving resource security: A review[J]. Frontiers in Environmental Science, 7: 8.

SMAJGL A, WARD J, PLUSCHKE L, 2016. The water-food-energy nexus-realising a new paradigm[J]. Journal of Hydrology, 533: 533-540.

SPEARMAN C, 1904. The proof and measurement of association between two things[J]. The American Journal of Psychology, 15(1): 72-101.

STEIN C, BARRON J, NIGUSSIE L, et al, 2014. Advancing the Water-Energy-Food Nexus: Social Networks and Institutional Interplay in the Blue Nile[M/OL]. DOI: 10. 5337/2014. 223.

SUN F, 2019. A dataset of the Aral Sea periphery during 2000-2015 (V1)[J/OL]. https://datapid. cn/31253. 11. sciencedb. 820. DOI: 10. 11922/sciencedb. 820.

TANIGUCHI M, MASUHARA N, BURNETT K, 2017. Water, energy, and food security in the Asia Pacific region[J]. Journal of Hydrology: Regional Studies, 11: 9-19.

THE CENTRAL ASIA CLIMATE INFORMATION PORTAL, 2021. Central Asia Climate Change[EB/OL]. [2021-10-25]. https://centralasiaclimateportal. org/.

THORSLUND J, BIERKENS M F P, OUDE ESSINK G H P, et al, 2021. Common irrigation drivers of freshwater salinisation in river basins worldwide[J]. Nature Communications, 12(1): 4232. DOI: 10. 1038/s41467-021-24281-8.

TIAN J, ZHANG Y, 2020. Detecting changes in irrigation water requirement in Central Asia under CO_2 fertilization and land use changes[J]. Journal of Hydrology, 583: 124315. DOI: 10. 1016/j. jhydrol. 2019. 124315.

TIMPANO A J, ZIPPER C E, SOUCEK D J, et al, 2018. Seasonal pattern of anthropogenic salinization in temperate forested headwater streams[J]. Water Research, 133: 8-18.

TÖRNQVIST R,JARSJÖ J,KARIMOV B,2011. Health risks from large-scale water pollution:Trends in Central Asia[J]. Environment International,37(2):435-442.

TZENG G H,HUANG J J,2011. Multiple Attribute Decision Making:Methods and Applications[M]. CRC press.

UNEP,2016. A Snapshot of the World's Water Quality:Towards a Global Assessment[R]. Nairobi,Kenya:United Nations Environment Programme:162.

VAN VUUREN D P,BIJL D L,BOGAART P,et al,2019. Integrated scenarios to support analysis of the food-energy-water nexus[J]. Nature Sustainability,2(12):1132-1141.

VINCA A,PARKINSON S,BYERS E,et al,2020. The NExus Solutions Tool (NEST) v1.0:An open platform for optimizing multi-scale energy-water-land system transformations[J]. Geoscientific Model Development,13(3):1095-1121.

VÖRÖSMARTY C J,GREEN P,SALISBURY J,et al,2000. Global water resources:Vulnerability from climate change and population growth[J]. Science,289(5477):284-288.

WADA Y,FLÖRKE M,HANASAKI N,et al,2016. Modeling global water use for the 21st century:The Water Futures and Solutions (WFaS) initiative and its approaches[J]. Geoscientific Model Development,9(1):175-222.

WAEHLER T A,DIETRICHS E S,2017. The vanishing Aral Sea:Health consequences of an environmental disaster[J/OL]. Tidsskrift for Den norske legeforening. DOI:10.4045/tidsskr.17.0597.

WAKEEL M,CHEN B,HAYAT T,et al,2016. Energy consumption for water use cycles in different countries:A review[J]. Applied Energy,178:868-885.

WANG X,LUO Y,SUN L,et al,2016. Attribution of Runoff Decline in the Amu Darya River in Central Asia during 1951-2007[J]. Journal of Hydrometeorology,17(5):1543-1560.

WANG J,SONG C,REAGER J T,et al,2018. Recent global decline in endorheic basin water storages[J]. Nature Geoscience,11(12):926-932.

WANG X,YANING C,LI Z,et al,2021. Water resources management and dynamic changes in water politics in the transboundary river basins of Central Asia[J]. Hydrology and Earth System Sciences,25:3281-3299.

WANG Z,HUANG Y,LIU T,et al,2022. Analysis of the water demand-supply gap and scarcity index in Lower Amu Darya River Basin,Central Asia[J]. International Journal of Environmental Research and Public Health,19(2):743. DOI:10.3390/ijerph19020743.

WEGERICH K,2008. The water-energy nexus in the Amu Darya River Basin:The need for sustainable solutions to a regional problem[J]. Water Policy,10(S2):71-88.

WELLE P D,MEDELLÍN-AZUARA J,VIERS J H,et al,2017. Economic and policy drivers of agricultural water desalination in California's central valley[J]. Agricultural Water Management,194:192-203.

WILD T B,KHAN Z,ZHAO M,et al,2021. The implications of global change for the co-evolution of argentina's integrated energy-water-land systems [J]. Earth's Future,9(8):e2020EF001970. DOI:10.1029/2020EF001970.

WORLD ECONOMIC FORUM WATER INITIATIVE,2012. Water Security:The Water-food-energy Climate Nexus[M]. Island Press.

XU Z,CHEN X,LIU J,et al,2020a. Impacts of irrigated agriculture on food-energy-water-CO_2 nexus across metacoupled systems[J]. Nature Communications,11(1):5837. DOI:10.1038/s41467-020-19520-3.

XU Z,LI Y,CHAU S N,et al,2020b. Impacts of international trade on global sustainable development[J]. Nature Sustainability,3(11):964-971.

XU Z P,LI Y P,HUANG G H,et al,2021. A multi-scenario ensemble streamflow forecast method for Amu

Darya River Basin under considering climate and land-use changes[J]. Journal of Hydrology, 598: 126276. DOI:10. 1016/j. jhydrol. 2021. 126276.

YAN Z,TAN M,2020. Changes in agricultural virtual water in Central Asia,1992-2016[J]. Journal of Geographical Sciences,30(11):1909-1920.

YANG D,YANG Y,XIA J,2021. Hydrological cycle and water resources in a changing world:A review[J]. Geography and Sustainability,2(2):115-122.

YAO X,CHEN H,ZHAO X,et al,2007. Weak link determination of anti-shock performance of shipboard equipments based on pauta criterion[J]. Chinese Journal of Ship Research,2(5):10-14.

YAPIYEV V,WADE A J,SHAHGEDANOVA M,et al,2021. The hydrochemistry and water quality of glacierized catchments in Central Asia:A review of the current status and anticipated change[J]. Journal of Hydrology:Regional Studies,38:100960. DOI:10. 1016/j. ejrh. 2021. 100960.

YU L,XIAO Y,ZENG X T,et al,2020. Planning water-energy-food nexus system management under multi-level and uncertainty[J]. Journal of Cleaner Production,251:119658. DOI:10. 1016/j. jclepro. 2019. 119658.

ZAREI M,2020. The water-energy-food nexus:A holistic approach for resource security in Iran,Iraq,andTurkey[J]. Water-Energy Nexus,3:81-94. DOI:10. 1016/j. wen. 2020. 05. 004.

ZHAN S,WU J,JIN M,2022. Hydrochemical characteristics,trace element sources,and health risk assessment of surface waters in the Amu Darya Basin of Uzbekistan,arid Central Asia[J]. Environmental Science and Pollution Research,29(4):5269-5281.

ZHANG X,VESSELINOV V V,2017. Integrated modeling approach for optimal management of water,energy and food security nexus[J]. Advances in Water Resources,101:1-10.

ZHANG C,CHEN X,LI Y,et al,2018. Water-energy-food nexus:Concepts,questions and methodologies[J]. Journal of Cleaner Production,195:625-639.

ZHANG J,CHEN Y,LI Z,et al,2019a. Study on the utilization efficiency of land and water resources in the Aral Sea Basin, Central Asia [J]. Sustainable Cities and Society, 51: 101693. DOI: 10. 1016/j. scs. 2019. 101693.

ZHANG P,ZHANG L,CHANG Y,et al,2019b. Food-energy-water (FEW) nexus for urban sustainability:A comprehensive review[J]. Resources,Conservation and Recycling,142:215-224.

ZHANG Y F,LI Y P,HUANG G H,et al,2021. A copula-based stochastic fractional programming method for optimizing water-food-energy nexus system under uncertainty in the Aral Sea basin[J]. Journal of Cleaner Production,292:126037. DOI:10. 1016/j. jclepro. 2021. 126037.

ZHANG Y F,LI Y P,SUN J,et al,2020a. Optimizing water resources allocation and soil salinity control for supporting agricultural and environmental sustainable development in Central Asia[J]. Science of The Total Environment,704:135281. DOI:10. 1016/j. scitotenv. 2019. 135281.

ZHANG Y,YAN Z,SONG J,et al,2020b. Analysis for spatial-temporal matching pattern between water and land resources in Central Asia[J]. Hydrology Research,51(5):994-1008.

ZHENG H,ZHANG L,ZHU R,et al,2009. Responses of streamflow to climate and land surface change in the headwaters of the Yellow River Basin[J]. Water Resources Research,45(7). DOI:10. 1029/2007WR006665.

ZHU P,BURNEY J,CHANG J,et al,2022. Warming reduces global agricultural production by decreasing cropping frequency and yields[J]. Nature Climate Change,12(11):1016-1023.

附　录

附表 1-1　阿姆河流域站点信息

编号	名称	北纬/°	东经/°	与咸海的距离/km	河流	位置	数据的时间序列
M1	Termez	37.19	67.29	1276	苏尔汉河	上游	1974—2002
M2	Kerki	37.85	65.22	1045	阿姆河	上中游分界	1960—1975
M3	Darganata	40.51	62.18	611	阿姆河	中游	1975
M4	Tuyamuyun	41.22	61.33	458	阿姆河	中下游分界	1960—1961；1973—2002
M5	Kipchak	42.10	60.26	283	阿姆河	下游	1976—1996
M6	Nukus	42.37	59.61	230	阿姆河	下游和三角洲分界	1974—2002
M7	Kzyldjar	43.45	58.97	102	阿姆河	三角洲	1960—2002
M8	Temirbai	44.31	58.78	18	阿姆河	三角洲	1960—1983
S1	Darband	38.87	69.97		瓦赫什河	上游	1990—2015
S2	Tartki	37.60	68.15		卡菲尔尼甘河	上游	1990—2015
S3	Karatag	38.63	68.33		苏尔汉河	上游	1990—2015
S4	Chardjou	39.08	63.60		阿姆河	中游	1990—2015

注:上中下游和三角洲的分界参考文献(Gapparov et al.,2011;Lobanova et al,2019)。

附表 1-2　20 世纪 70 年代、80 年代、90 年代和 2000—2002 年月尺度数据的数据量

站点名称	时段	1 月	2 月	3 月	4 月	5 月	6 月	7 月	8 月	9 月	10 月	11 月	12 月
Termez	1970s	1	2	2	1	1	2	2	2	2	1	1	
	1980s	7	9	8	8	8	9	7	8	7	6	3	5
	1990s	10	10	9	9	7	9	8	8	9	9	7	7
	2000—2002 年	3	3	2	2	2	1	2	2	2	2	1	1
Tuyamuyun	1970s	1	1	4	4	4	3	3	4	1	4	4	2
	1980s	3	4	8	9	9	8	10	10	6	6	7	
	1990s			6	3	9	9	4	8	8	2	7	
	2000s			1	1	2	2	1	2	1	1	2	1
Kipchak	1970s	1	1	3	3	1	2	2	4		4	4	2
	1980s		8	9	10		8	10	10		8	9	
	1990s		5	4	4		3	2	5		4	5	1

续表

站点名称	时段	1月	2月	3月	4月	5月	6月	7月	8月	9月	10月	11月	12月
Nukus	1970s	3	2	2	1	2	4	3	3	4	4	4	1
	1980s	7	7	6	8	9	7	6	6	8	9	6	4
	1990s	9	9	9	9	9	8	9	8	10	10	9	8
	2000s	3	3	3	3	2	3	3	2	1	2	2	1
Kzyldjar	1970s	1	1	3	2		2	2	2	2	3	2	
	1980s		9	7	8		7	10	6	6	9	8	
	1990s		10	9	10	1	9	10	5	4	8	8	
	2000s		2	3	3		2	1	1		1		
Temirbai	1970s			1	1		2	2	1	3	2	3	
	1980s			1				1	2	1		1	

注:1970s 为 20 世纪 70 年代,1980s 为 20 世纪 80 年代,1990s 为 20 世纪 90 年代。

附表 1-3　20 世纪 70 年代、80 年代、90 年代和 2000—2002 年尺度流量数据统计值/(m³/s)

站点名称		20 世纪 70 年代	20 世纪 80 年代	20 世纪 90 年代	2000—2002 年	合计
Termez	平均值	220	242	237	204	234
	最小值	2	138	3	155	2
	最大值	403	398	397	305	403
	波动范围	401	260	394	150	401
Tuyamuyun	平均值	962	990	1296	307	1026
	最小值	4	50	13	98	4
	最大值	3180	3090	4210	679	4210
	波动范围	3176	3040	4197	581	4206
Kipchak	平均值	684	559	800		645
	最小值	4	2	146		2
	最大值	2350	2900	2910		2910
	波动范围	2346	2898	2764		2908
Nukus	平均值	481	246	282	62	272
	最小值	1	1	5	0	0
	最大值	1390	1310	1580	480	1580
	波动范围	1389	1309	1575	480	1580
Kzyldjar	平均值	595	223	447	28	344
	最小值	6	1	8	1	1
	最大值	2579	2007	2661	235	2661
	波动范围	2573	2006	2653	234	2660
Temirbai	平均值	576	359			514
	最小值	12	222			12
	最大值	2250	797			2250
	波动范围	2238	575			2238

附表 1-4　20 世纪 70 年代、80 年代、90 年代和 2000—2002 年月尺度盐度数据统计值/(mg/L)

站点名称		20 世纪 70 年代	80 年代	90 年代	2000—2002 年	合计
Termez	平均值	587	563	635	541	595
	最小值	377	3	4	351	3
	最大值	1036	1051	1378	748	1378
	波动范围	659	1048	1374	398	1375
Tuyamuyun	平均值	833	922	822	1009	882
	最小值	74	2	8	118	2
	最大值	1618	1639	1331	1737	1737
	波动范围	1544	1637	1323	1619	1735
Kipchak	平均值	959	1038	1007		1014
	最小值	494	1	561		1
	最大值	2027	2105	1846		2105
	波动范围	1533	2104	1285		2104
Nukus	平均值	808	1110	1018	1211	1042
	最小值	165	6	7	600	6
	最大值	1358	2574	2230	1831	2574
	波动范围	1193	2568	2223	1232	2568
Kzyldjar	平均值	897	1128	983	1560	1073
	最小值	432	1	16	14	1
	最大值	1743	2157	2098	3795	3795
	波动范围	1310	2156	2082	3781	3794
Temirbai	平均值	837	751			812
	最小值	564	555			555
	最大值	1371	1077			1371
	波动范围	806	522			816

附表 1-5　1970—2002 年月尺度流量数据统计值/(m³/s)

站点名称		1 月	2 月	3 月	4 月	5 月	6 月	7 月	8 月	9 月	10 月	11 月	12 月
Termez	平均值	191	186	196	193	271	309	323	317	227	200	188	185
	最小值	144	129	126	2	154	204	180	190	22	138	146	151
	最大值	240	240	236	275	342	387	403	398	324	236	228	218
	波动范围	96	111	110	273	188	183	223	208	302	98	82	67
Tuyamuyun	平均值	402	422	748	636	1215	1587	1753	1549	901	399	397	230
	最小值	293	264	4	127	13	173	41	33	163	5	61	6
	最大值	481	815	1590	2590	4020	4020	3670	4210	1860	990	916	573
	波动范围	188	551	1586	2463	4007	3847	3629	4177	1697	985	856	567
Kipchak	平均值	160	275	237	407	267	1121	1132	1166		527	464	254
	最小值	160	70	28	4	267	86	21	18		65	2	135
	最大值	160	592	588	2350	267	2910	2900	2340		994	916	481
	波动范围		522	560	2346	0	2824	2879	2322		929	914	346

站点名称		1月	2月	3月	4月	5月	6月	7月	8月	9月	10月	11月	12月
Nukus	平均值	218	107	168	139	292	422	422	342	299	380	220	200
	最小值	0	2	2	2	1	4	3	3	3	3	3	1
	最大值	710	424	548	402	1310	1580	1500	1550	1130	1130	763	652
	波动范围	710	422	546	400	1309	1576	1497	1547	1127	1127	760	651
Kzyldjar	平均值	126	94	249	81	8	676	569	406	406	427	290	
	最小值	126	6	1	1	8	1	3	6	12	6	6	
	最大值	126	334	2661	462	8	2393	1800	2579	926	908	933	
	波动范围		328	2660	461		2392	1797	2573	914	902	927	
Temirbai	平均值			148	12		1385	702	880	177	647	241	
	最小值			45	12		520	24	222	21	588	88	
	最大值			250	12		2250	1780	1620	285	706	348	
	波动范围			205			1730	1756	1398	264	118	260	

附表 1-6 1970—2002 年月尺度盐度数据统计值/(mg/L)

站点名称		1月	2月	3月	4月	5月	6月	7月	8月	9月	10月	11月	12月
Termez	平均值	743	770	709	616	539	494	612	626	700	449	368	515
	最小值	6	7	568	8	4	4	3	319	362	465	287	527
	最大值	1378	922	1036	1051	897	650	596	1251	1291	1131	710	962
	波动范围	1372	915	468	1043	893	646	593	932	929	666	423	435
Tuyamuyun	平均值	1044	1148	1202	1168	933	777	646	605	585	1005	964	1057
	最小值	907	1030	11	5	5	265	4	5	2	664	2	876
	最大值	1162	1373	1618	1639	1505	1205	1042	996	980	1578	1737	1241
	波动范围	255	343	1606	1634	1500	940	1038	991	978	914	1735	365
Kipchak	平均值	912	1219	1294	1404	1276	892	669	669		891	1014	1273
	最小值	912	873	6	1	1276	647	5	5		4	5	1192
	最大值	912	1961	2027	2105	1276	1428	1288	1344		1481	1419	1407
	波动范围		1088	2021	2104	0	781	1283	1339		1477	1414	215
Nukus	平均值	1099	1120	1019	1592	1297	949	702	723	830	1043	1048	1073
	最小值	119	7	10	1186	6	573	8	165	237	711	748	756
	最大值	1836	1582	1559	2312	2103	1764	1202	982	1568	2574	1388	1379
	波动范围	1718	1575	1549	1126	2097	1191	1194	818	1330	1863	640	623
Kzyldjar	平均值	942	1131	1084	1583	2098	1065	875	900	733	971	1031	
	最小值	942	8	14	1	2098	481	4	432	4	4	638	
	最大值	942	1689	1758	3795	2098	1917	2157	1477	1047	1886	1646	
	波动范围		1681	1744	3794		1436	2153	1045	1043	1882	1008	
Temirbai	平均值			1195	1371		703	649	678	756	776	833	
	最小值			1077	1371		589	564	555	685	676	657	
	最大值			1312	1371		817	725	797	844	877	1041	
	波动范围			235			228	161	242	159	201	384	

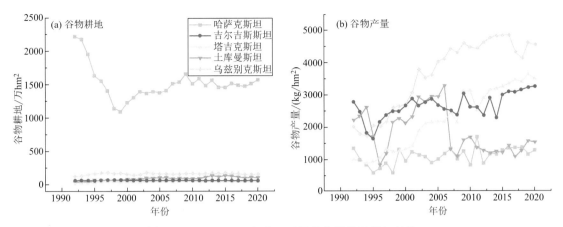

图 4-2　1992—2020 年中亚五国谷物耕地面积与产量

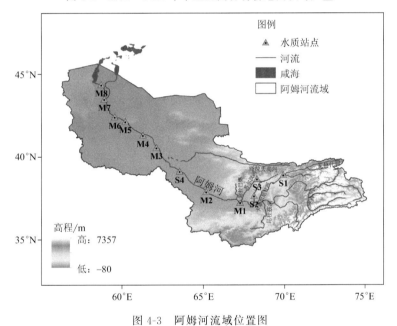

图 4-3　阿姆河流域位置图

注:阿姆河流域边界下载自 https://data.tpdc.ac.cn/zh-hans/data/34060a43-f30e-4b06-8265-025c8b6aae99/(Ran et al.,2020),
站点信息详见附录;咸海边界下载自 https://www.scidb.cn/en/detail? dataSetId=633694461347495940(Sun,2019)

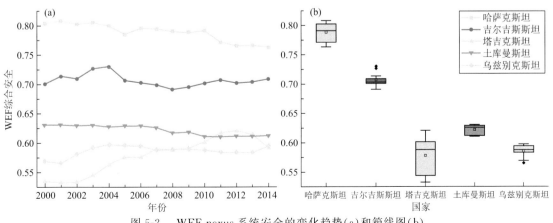

图 5-2　WEF nexus 系统安全的变化趋势(a)和箱线图(b)

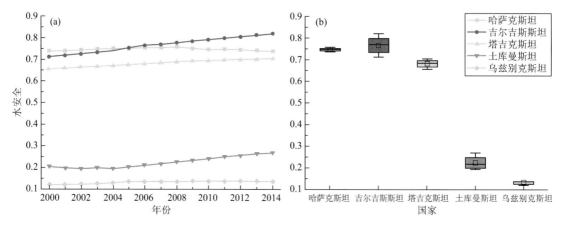

图 5-3　水资源安全的变化趋势(a)和箱线图(b)

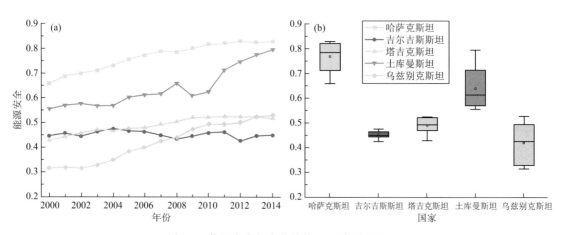

图 5-4　能源安全的变化趋势(a)和箱线图(b)

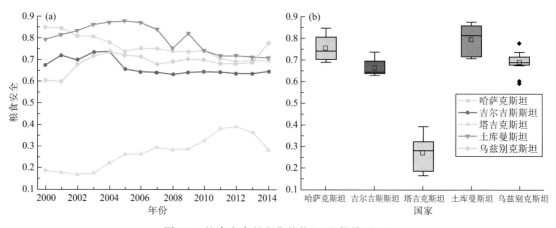

图 5-5　粮食安全的变化趋势(a)和箱线图(b)

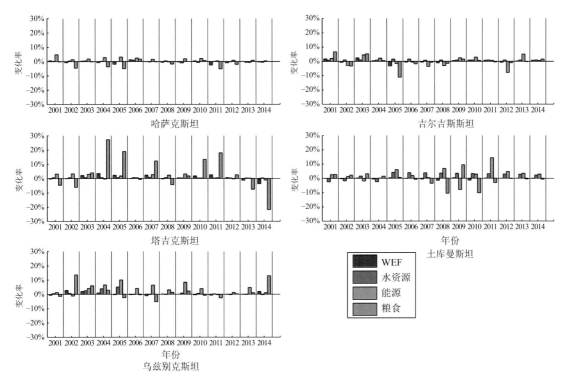

图 5-6　WEF nexus 系统安全和三个子系统安全水平的逐年变化率

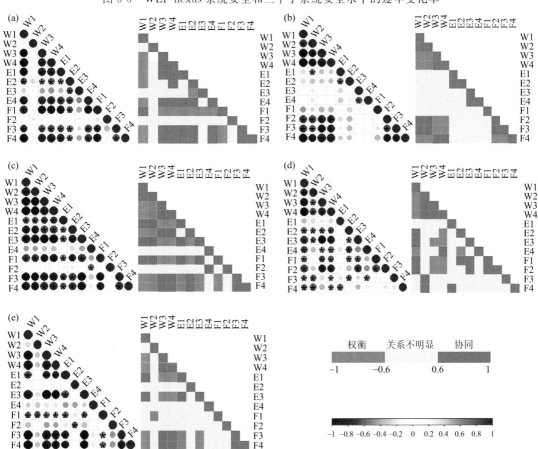

图 5-7　WEF nexus 系统安全指标之间的相关性和关联关系

(a)哈萨克斯坦；(b)吉尔吉斯斯坦；(c)塔吉克斯坦；(d)土库曼斯坦；(e)乌兹别克斯坦

(其中 * 表示 p 值小于 0.05 的相关性)

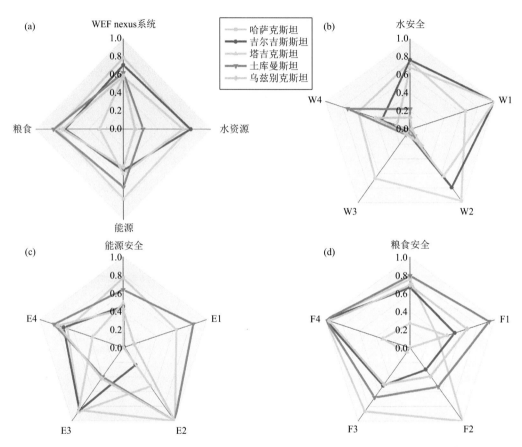

图 5-9　WEF nexus 系统安全评价指标得分值及其与所属子系统的安全得分值对比

（a）水、能源和粮食子系统安全与 WEF nexus 系统安全对比；（b）W1、W2、W3 和 W4 指标得分与水安全对比；

（c）E1、E2、E3 和 E4 指标得分与能源安全对比；（d）F1、F2、F3 和 F4 指标得分与粮食安全对比

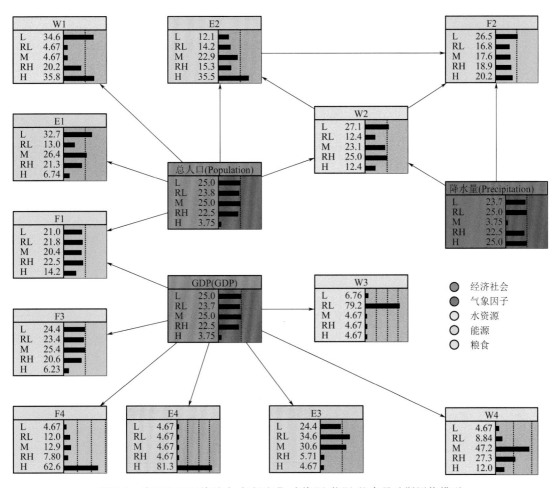

图 6-1 中亚地区经济社会-气候变化-水资源-能源-粮食贝叶斯网络模型

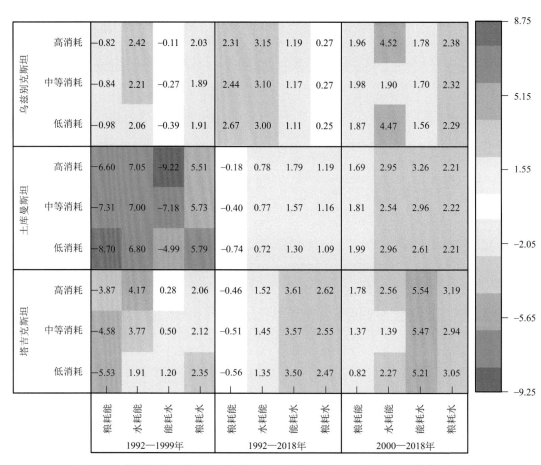

图 6-13　阿姆河流域沿线国家不同要素对水-能源-粮食关联关系的敏感性系数

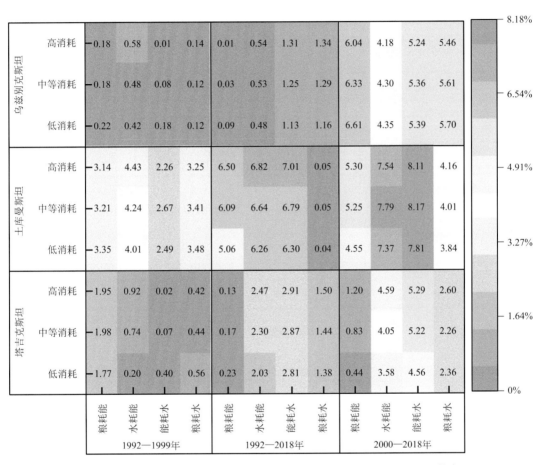

图 6-14　阿姆河流域沿线国家不同要素对水-能源-粮食关联关系的贡献率

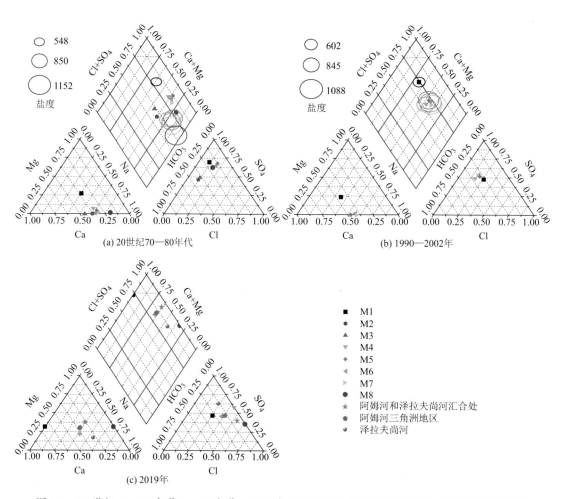

图 7-1 20 世纪 70—80 年代(a)、90 年代—2002 年(b)和 2019 年(c)阿姆河沿线水化学特征分布图

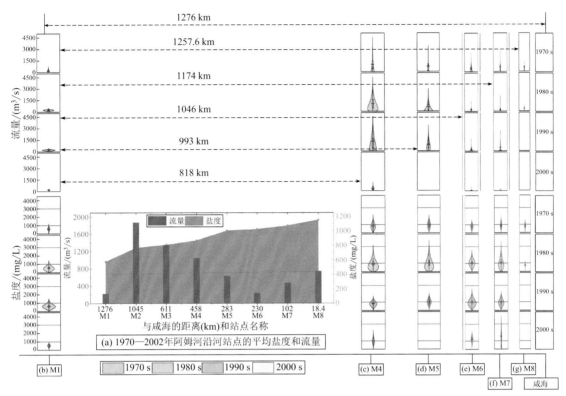

图 7-2　1970s(1970—1979 年)、1980s(1980—1989 年)、1990s(1990—1999 年)、
2000s(2000—2002 年)阿姆河流量和盐度的空间分布模式

从上游到下游沿河站点依次标注在 X 轴上,分别为:M1(b)、M4(c)、M5(d)、M6(e)、M7(f)和
M8(g)。盐度介于 1000～3000 mg/L 为咸水,上下限值以蓝色实线在图中标注

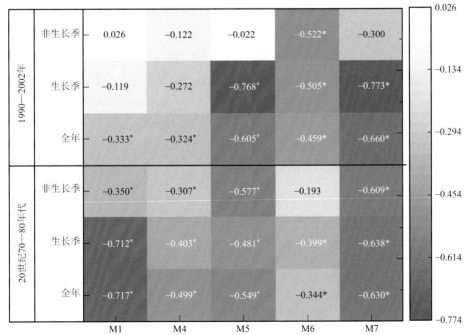

图 7-5　站点 M1、M4、M5、M6 和 M7 的河水盐度与流量之间的 Spearman 等级相关系数

(" * "表示 p 值小于 0.05 的相关关系)

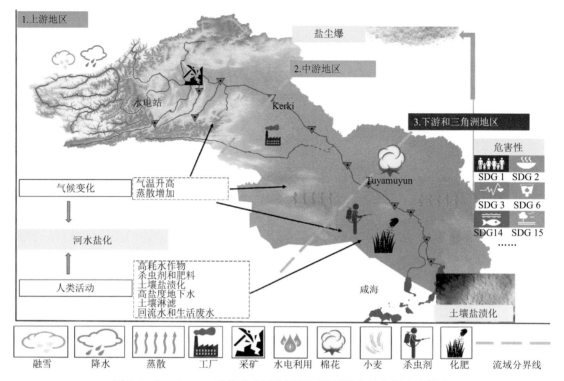

图 7-8 WEF nexus 系统影响下的阿姆河流域淡水盐化概念性模型